WELTKARTEN ZUR KLIMAKUNDE

VON

H. E. LANDSBERG, H. LIPPMANN, KH. PAFFEN
UND C. TROLL

HERAUSGEGEBEN IM AUFTRAGE DER
HEIDELBERGER AKADEMIE DER WISSENSCHAFTEN
VON
E. RODENWALDT† UND H. J. JUSATZ

DRITTE AUFLAGE

Springer-Verlag Berlin Heidelberg GmbH 1966

WORLD MAPS OF CLIMATOLOGY

BY

H. E. LANDSBERG, H. LIPPMANN, KH. PAFFEN
AND C. TROLL

EDITED UNDER THE SPONSORSHIP OF THE
HEIDELBERGER AKADEMIE DER WISSENSCHAFTEN

BY

E. RODENWALDT† AND H. J. JUSATZ

THIRD EDITION

Springer-Verlag Berlin Heidelberg GmbH 1966

Veröffentlichung der Geomedizinischen Forschungsstelle der Heidelberger Akademie der Wissenschaften

Publication of the Geomedical Research Unit of the Heidelberg Academy of Sciences

ISBN 978-3-642-52437-0   ISBN 978-3-642-52436-3 (eBook)
DOI 10.1007/978-3-642-52436-3

/ Titel-Nr. 6950

Ursprünglich erschienen bei Springer Verlag oHG Berlin Gottigen Heidelberg 1965

Softcover reprint of the hardcover 3rd edition 1965

Vorwort

Als im ersten Band des Welt-Seuchen-Atlas vor 10 Jahren einige Klimakarten über Temperaturverhältnisse und Niederschläge in Europa erschienen, wurde von einigen Kritikern nicht verstanden, warum einem Atlas über die Verbreitung von Seuchen Karten mit klimatologischen Angaben beigegeben wurden. Offensichtlich schien der Gewinn an Korrelationen zu gering, die aus den Angaben über klimatische Verhältnisse zu dem Auftreten von Seuchen in den gleichen Gebieten gezogen werden konnten. Im zweiten Band wurde die Reihe der Klimakarten für den afrikanischen Kontinent durch kartographische Darstellungen der Regenzeiten und der Trokkenzeiten sowie durch eine Schwülekarte erweitert. Für den dritten Band konnte außer den Weltkarten über Temperatur- und Niederschlagsverhältnisse auch eine Karte über die Schwülezonen der Erde beigegeben werden. Es fehlte aber immer noch Karten, in denen die Klimazonen der inneren Tropen, der Randtropen, der Etesien und andere für eine Seuchenverbreitung entscheidende Klimagebiete voneinander abgegrenzt werden. Für eine Darstellung dieser biologisch und pathologisch bedeutsamen Klimaklassifikationen genügen die Angaben für Lufttemperatur und Luftfeuchtigkeit und deren Kombination nicht mehr. Für eine geomedizinische Betrachtung müßten sich Nosozonen aus bestimmten Klimaklassifikationen unmittelbar ableiten lassen. Hierzu bedarf es jedoch noch weiterer Vorarbeiten, für die die hier vorgelegten Karten einen neuen Beitrag darstellen sollen.

Die Gelegenheit, auf dem 3. Internationalen Biometeorologischen Kongreß in Pau 1963 auf die Bedeutung von geomedizinischen Karten für eine bioklimatologische Klimaklassifikation aufmerksam zu machen, hat das Interesse an der Herausgabe weiterer Weltkarten von Klimafaktoren, denen eine besondere biologische Bedeutung zukommt, verstärkt. Wir wissen heute auf Grund vieler geographischer Erfahrungen und Forschungen, daß das Vorkommen einzelner Krankheiten und Seuchen als biologische Indikatoren für bestimmte Klimaverhältnisse gelten können, sie reihen sich damit als Bestandteile einer ökologischen Klimatographie in die große Anzahl bereits bekannter ökologischer Indikatoren ein. Es wird hierfür immer dringender notwendig, zunächst erst einmal in Übersichtskarten auf die geoökologischen Probleme aufmerksam zu machen.

Die Herausgeber möchten mit den in dieser Ausgabe vorgelegten Weltkarten zur Klimakunde denjenigen Wissenschaftlern, die den Welt-Seuchen-Atlas benutzen, die Möglichkeit einer Ergänzung der darin befindlichen Klimakarten für Untersuchung weiterer Korrelationen geben, aber auch allen biologisch und klimatologisch interessierten Fachkreisen ein Hilfsmittel für weitere geoökologische Forschungen zur Verfügung stellen.

Die bisher veröffentlichten Klimakarten, die für die ersten 3 Bände des Welt-Seuchen-Atlas von Professor Dr. Karl Knoch, Direktor i. R. des Wetterdienstes der Bundesrepublik Deutschland, entworfen worden sind, bildeten das kartographische Vorbild für die neuen Karten dieser Ausgabe. Diese Klimakarten sind sämtlich auf der gleichen Grundlage einer Weltkarte in flächentreuer Projektion im Maßstab 1:45 Mill. entwickelt worden, damit sie untereinander und mit den Seuchenkarten des Welt-Seuchen-Atlas vergleichbar sind. Die Klimakarten von Europa (1:10 Mill.) und von Afrika (1:20 Mill.) sind ebenso wie die Weltkarten über Temperaturverteilung im Januar und Juli, Jahressummen des Niederschlags und über Schwülezonen der Erde in Form von Sonderausgaben als Veröffentlichungen der Geomedizinischen Forschungsstelle der Heidelberger Akademie der Wissenschaften erschienen und können vom Falk-Verlag, Hamburg 1, Burchardstraße 8, bezogen werden.

Die Herausgeber sind Herrn Dr. Herbert E. Landsberg, Direktor der Klimatologischen Abteilung des Wetterdienstes der Vereinigten Staaten von Amerika in Washington, zu großem Dank verpflichtet, daß er die in seiner Abteilung entworfenen Klimakarten zur Verfügung gestellt hat. Herr Professor Dr. Dr. h. c. Carl Troll. Direktor des Geographischen Instituts der Universität Bonn, Präsident der Internationalen Geographischen Union, hat sein Interesse durch Überlassung der von ihm unter Mitarbeit von Herrn Professor Dr. KH. Paffen entworfenen Weltkarte der Jahreszeitenklimate bekundet, wofür die Herausgeber ihm hierdurch ihren Dank aussprechen.

E. Rodenwaldt und H. J. Jusatz

Foreword

When the first volume of the World Atlas of Epidemic Diseases was published ten years ago, some of its critics did not quite see the point why maps depicting the distribution of epidemic diseases in Europe should be accompanied by maps containing climatological data. No appreciable value, they argued, was to be derived from the correlations between climatic conditions and the prevalence of epidemic diseases in certain areas. In addition to climatological maps for Africa, the second volume of the World Atlas was provided with a cartographical representation of the rainy and dry seasons, and a map of thermic sultriness, for Africa. The third volume, finally, presented a global thermic sultriness map, in addition to global maps of temperature and precipitation. Still, there was no representation deliminating the climatic regions of the equatorial zone, the marginal tropics, the etesian climate, and other climatic regions associated with the distribution of certain epidemic diseases. In order to give a true picture of these biologically decisive climatic classifications, mere data on air temperature and air humidity, and a combination thereof, were found to be inadequate. It is felt that, in a geomedical study, it should be possible to draw direct conclusions on certain nosozones from specific climatic classifications. To attain this goal, new studies will have to be made. The present maps are designed as another step in this direction.

The 3rd International Biometeorological Congress in Pau 1963, was taken as an opportunity to draw attention to the significance of geomedical maps and their role in a bioclimatological classification of climates. As a result, there has been evidence of growing interest in the publication of other global maps depicting climatic factors that may be regarded as having special biological importance. On the grounds of broad geographical experience and research, it is generally accepted that the incidence of epidemic diseases may be regarded as biologically indicative of certain climatic conditions. As such, they may be added to the long list of already known ecological indicators which form the basis of an ecological climatography. Therefore, it seems desirable to draw attention to the geo-ecological problems by publishing general climatic maps.

In publishing the present issue of global climatic maps, the editors want, on the one hand, to encourage scientists using the Atlas to complement the maps by further studies of other correlations. On the other hand, they would like to offer to all students in the field of biology and climatology an aid for further geo-ecological studies.

The new climatic maps of the present issue are patterned after those previously published in the first three volumes of the World Atlas of Epidemic Diseases, which had been prepared by Professor Dr. KARL KNOCH, retired Director of the Weather Service of the Federal Republic of Germany. Drawn as equal-area projection (scale 1:45,000,000), they can be compared with one another as well as with the maps of epidemic diseases of the World Atlas. The climate maps of Europe (scale 1:10,000,000) and Africa (scale 1:20,000,000), as well as the world maps on temperature distribution in January and July, the annual precipitation maps, and the thermic sultriness maps, have been published as special issues by the Heidelberg Academy of Sciences and are available at the Falk Verlag Publishers, Hamburg 1, 8 Burchardstrasse.

The editors feel greatly indebted to Dr. HERBERT E. LANDSBERG, Director, Climatology, United States Weather Bureau, Washington, D. C., for placing at their disposal the maps prepared in his department. Professor Dr. Dr. h. c. CARL TROLL, Director of the Institute of Geography of the University of Bonn, President of the International Geographical Union, has proven his interest and, in collaboration with Professor Dr. KH. PAFFEN, most obligingly prepared the global maps of seasonal climatics. The editors are deeply indebted to this contribution.

E. Rodenwaldt and H. J. Jusatz

Inhaltsverzeichnis

Contents

Global Distribution of Solar and Sky Radiation

By

Dr. phil. nat. H. E. LANDSBERG,

Director of Climatology, Environmental Science Services Administration, US Department of Commerce, Washington

With 22 Diagrams

It is quite appropriate that sunshine maps should accompany an atlas of diseases. Of all the climatic elements sunshine is the only one for which both direct and indirect effects on health have become conclusively proven. We need to point only to the relations of sunshine to tanning of the skin, to erythema, to rickets and to skin cancer to make this clear. The therapeutic value of sunshine for many diseases, skin ailments, rheumatoid arthritis, and other muscular-skeletal diseases has often been cited. It has been even indicated as a factor in the incidence of multiple sclerosis.

The possible effects of solar radiation on disease vectors can at present only be suspected but the lethal effect of short-wave radiation from the sun on certain microbial organisms makes it a factor of major importance.

Although these bioclimatic circumstances exist, the available information on both sunshine and solar radiation leaves much to be desired. For example, only a very few stations regularly measure the incident radiation, separated by spectral regions. For biological purposes it would be highly desirable to chart the ultraviolet (A and B), the infrared, and the visible radiation intensities separately. Even for the total radiation on the horizontal surface data are scarce.

Yet a beginning can be made for giving a broad view of the radiation conditions by presenting the annual radiation sum on a horizontal surface. This factor gives the total of the direct solar radiation and the diffuse sky radiation. This amount is governed primarily by latitude, altitude, cloudiness and by the atmospheric turbidity. The isolines shown in the accompanying map give the total radiation sum in form of heat energy, in units of kilogram calories per square centimeter per year.

This energy unit conveys at least a general picture of the distribution of this element over the surface of the earth. Over the ocean the actual data are restricted to a few island stations. The remainder was inferred from the mean cloudiness. This is a tenuous derivation and hence the lines are quite uncertain in those areas. Inland there were somewhat better data. Records could be obtained for over 300 stations. Most of them were in operation for a short period only. Some of them were specially established for the interval of the International Geophysical Year and International Geophysical Co-operation. These records generally comprise only the 2½ year period from July 1957 to December 1959. However, with the help of long-record stations the isolines were drawn to reflect approximately the decade 1951—1960.

For some of the best stations monthly values are shown in the accompanying diagrams. On these graphs the radiation intensity on the horizontal surface appears in units of gramcalories per square centimeter per day (for various months). Although it does not give the number of days on which one might expect sunshine this measure conveys again a general picture of solar radiation in various zones. An attempt was made to present at least one station for each latitude zone and most of the major climatic subdivisions on earth.

The global pattern of radiation in the generalized form looks deceptively simple. On land above latitudes of 35° N and S there is a gradual decrease to the polar regions. This characterizes the radiation as a primarily seasonal phenomenon. In the higher latitudes little radiation can be expected in winter but most falls into the time interval between the spring and autumn equinox. In the higher latitudes over the oceans the areas of the semi-permanent low pressure cells over the Atlantic (Icelandic Low) and Pacific (Aleutian Low) and in 60° S on the southern hemisphere are the cloud covered regions with little radiation.

The equatorial belt over the continents also shows a relative minimum of radiation. This is the zone of the intertropical convergence zone of air flow. Much cloudiness and frequent downpour of rain, interrupted by sunny intervals, are the distinguishing mark of this zone. In some areas whole seasons of several weeks have sunshine with scattered cloudiness only.

The major belts of sunshine are in the subtropics where for dynamical reasons high pressure systems and subsiding air currents prevail. These are at the same time the zones of desert and arid or semi-arid conditions. In the northern hemisphere they have their greatest extent from Mauretania and Morocco through the vast parched areas of the Sahara, Egypt and Sudan into the Middle East, Arabia, Iran and West Pakistan. In the Americas Nevada, Utah, Arizona, New Mexico and Mexico while not as dry as their old-world counterparts share in the wealth of solar radiation.

On the Southern Hemisphere parts of the Chilean coast and Argentina have high solar radiation. Similar conditions prevail in SW-Africa (Kalahari) and the typical Savannahs to the east. Central Australia also reflects the characteristic subtropical radiation pattern.

A map of the scale presented here can, of course, not depict all the detailed facets of the radiation pattern actually encountered in nature. Position of a location with respect to major water bodies, and mountain ranges is of greatest importance. In mountainous terrain places to the lee of the prevailing wind direction enjoy more sunshine than those on windward slopes. Seasonally local fog formation may also have a profound influence on both radiation intensities and sunshine duration.

With increasing elevation, by and large, radiation intensity increases. In particular, the relative share of the ultraviolet part of the spectrum increases. It should further be remembered that radiation from below plays an important role in areas where part of the incoming radiation is reflected by snow surfaces and light sands. This additional radiation is not contained in the data shown because the usual measuring equipment is not designed to receive it. However, biologically this reflected light may be a major characteristic of a local climate.

As a supplement to the annual radiation two maps show the mean sunshine duration in January and July. The analyses were based on data from 1,162 stations unevenly distributed over the land surfaces of the world. These were supplemented by estimates for 262 locations along the sea routes for which monthly mean cloudiness data had been calculated for recent marine atlases. The formula that was used for these estimates was:

$$S \approx T (10 - C),$$

where   S = estimated monthly sunshine duration,
      T = maximum possible monthly sunshine duration,
      C = monthly mean cloudiness, in tenths.

Broken lines were used to indicate areas in the analyses that were based principally on cloudiness and estimated data.

The periods of record used to calculate the monthly means were not uniform. Wherever possible mean data were taken directly from reference sources, some of which were published as early as the first decade of this century. Additional values were obtained by summarizing the most recent monthly duration data available. In the latter cases, a maximum of 10 years' data were summarized while in some regions of sparse data and poor coverage it was necessary to be satisfied with only 2 years of records.

The difference in response of the various designs of sunshine recorders that furnished these records introduced errors that have not been evaluated but are assumed to be minor. This assumption is based on the fact that no discontinuities or steep gradients were detected along national boundaries, except sea coasts.

These charts show the differences between the hemispheres and the seasons. Particularly notable is the small area in January that has over 10 hours per day sunshine (isoline 350 hours per month or higher). Only SW-Africa and the interior of Australia show such sunny climate. This is, of course, during their summer season. A few spots in the Sahara, the middle Nile valley, and Arabia come close to these values even during the winter season.

On the other hand, the storm belt of the southern latitudes around 50° and much of the northern latitudes above 40° average less than 100 hours of sunshine for the whole month of January. Parts of interior Brazil and nearly all of Eeast Asia are in the cloud covered zones.

Quite in contrast, there are large areas in July with over 350 sunshine hours. Most coherent is the North African-Mediterranean-Middle East Territory. Next is a large area of western North America. A high value spot is shown in the polar seas. This is based, however, on one short record only.

The areas with little sunshine cover many ocean areas and the latitudes below 40° S. Quite remarkable is the cloudiness following the outline of the Eastern Pacific along the west edge of the Americas. Low values over India because of the summer monsoon also stand out. In that subcontinent, it should be remembered, maximum sunshine prevails in spring.

In the accompanying diagrams, monthly mean totals of the duration of sunshine are also presented for various locations together with the mean daily radiation intensities on a horizontal surface where these were available.

(For references see the end of the German text.)

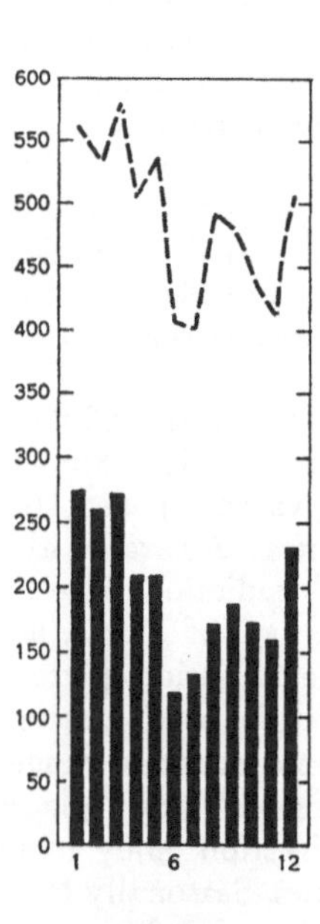

Trivandrum
8° 29' N
76° 57' E

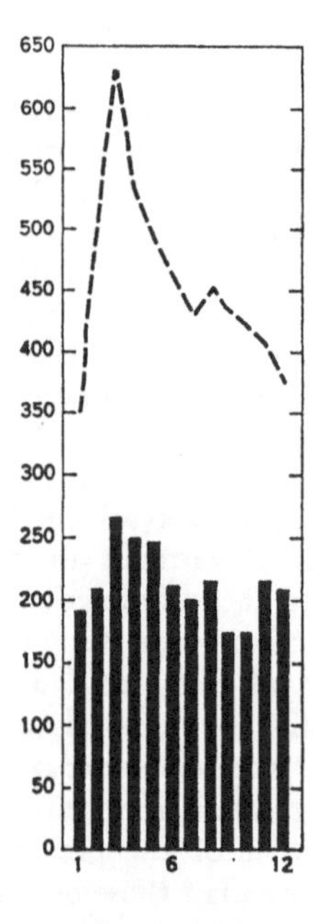

Mexico   Mexiko
19° 24' N
99° 12' W

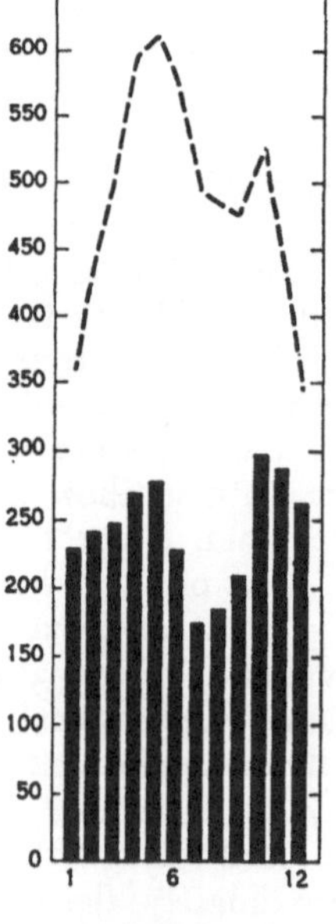

New Delhi
28° 35' N
77° 12' E

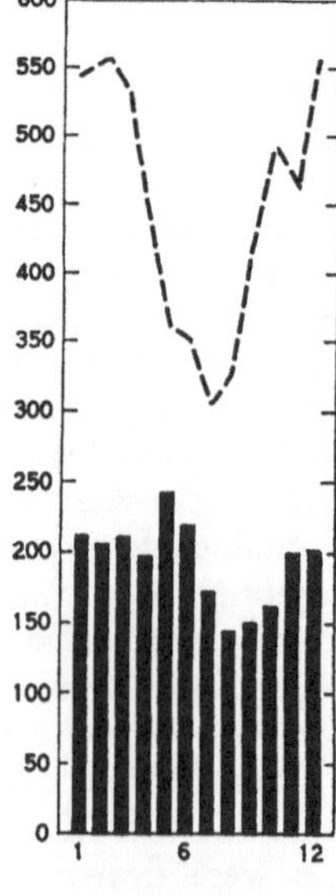

Luanda
8° 49' S
13° 13' E

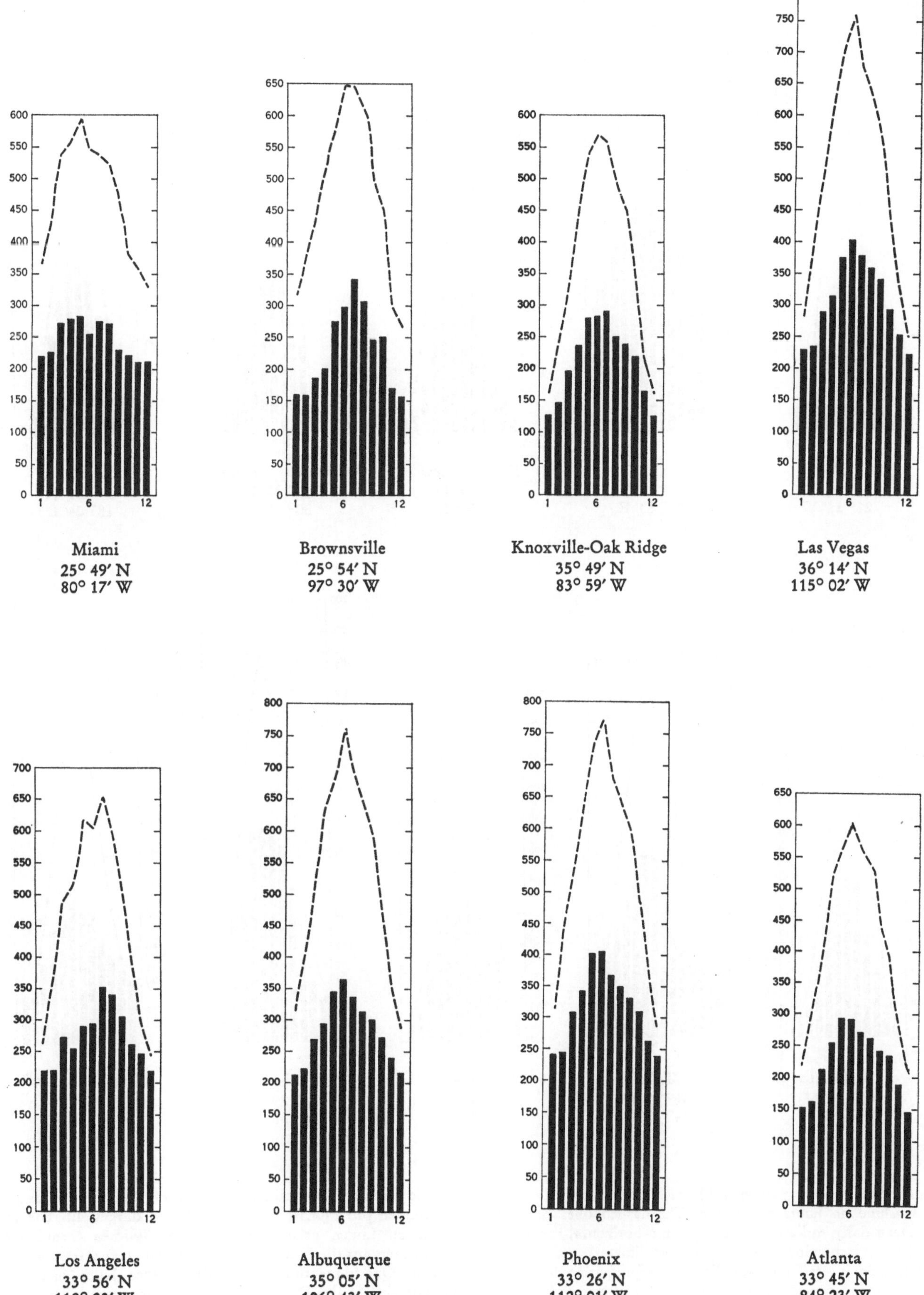

Miami
25° 49′ N
80° 17′ W

Brownsville
25° 54′ N
97° 30′ W

Knoxville-Oak Ridge
35° 49′ N
83° 59′ W

Las Vegas
36° 14′ N
115° 02′ W

Los Angeles
33° 56′ N
118° 23′ W

Albuquerque
35° 05′ N
106° 43′ W

Phoenix
33° 26′ N
112° 01′ W

Atlanta
33° 45′ N
84° 23′ W

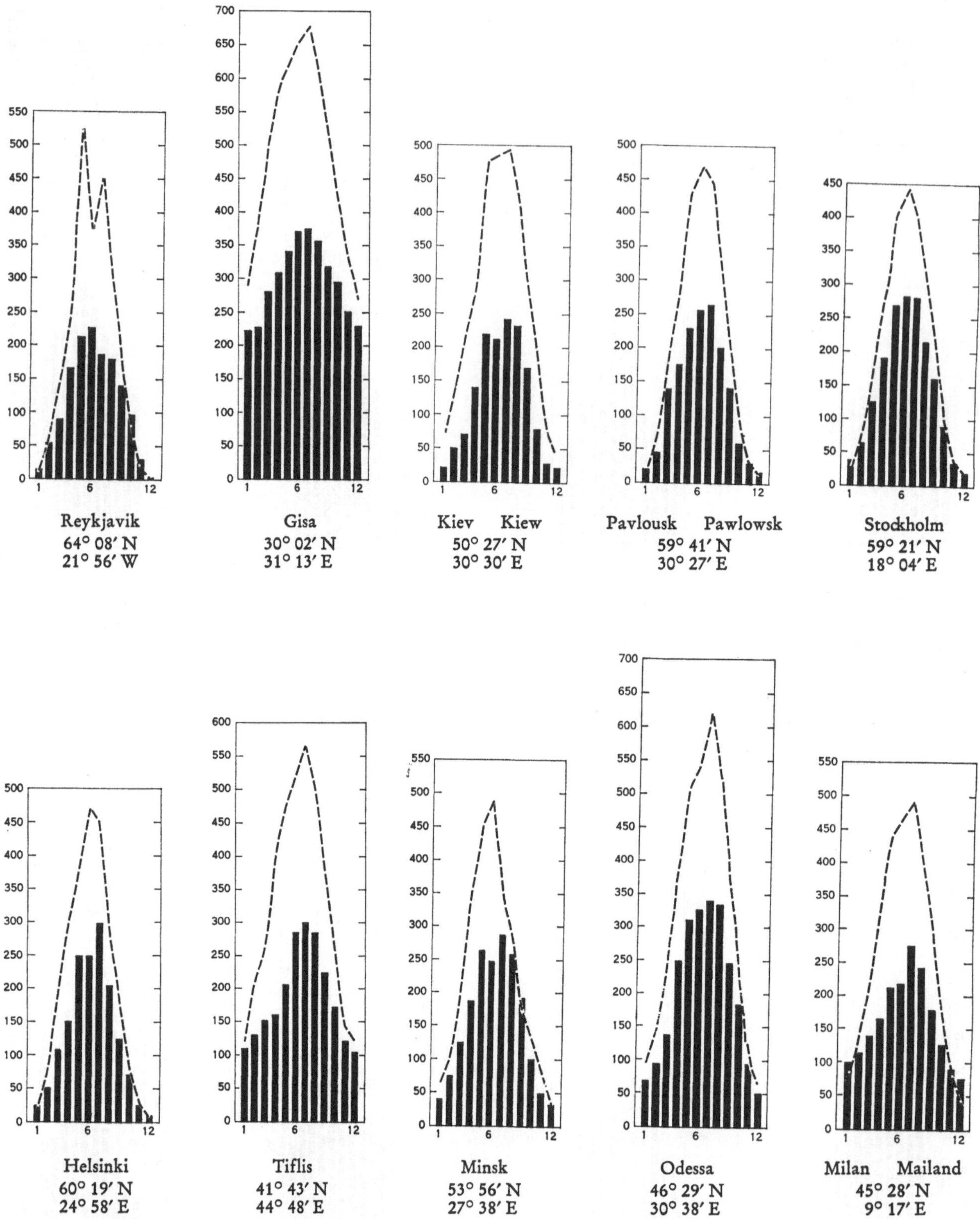

The bars represent the monthly mean totals of the duration of sunshine, in hours per month. The dashed lines represent the mean daily radiation intensities on a horizontal surface, in langleys (gram-calories per square centimeter) per day. A single scale is used on each diagram, representing hours per month when applied to the duration of sunshine values, and langleys per day when applied to the daily radiation intensities.

Die mittleren monatlichen Summen der Sonnenscheindauer, in Stunden pro Monat, sind durch Säulen dargestellt. Die gestrichelten Linien geben die mittleren täglichen Strahlungsintensitäten auf die Horizontalfläche, in langleys (Grammkalorien pro Quadratzentimeter) pro Tag, wieder. Jedes Diagramm hat nur eine Skala: Die Werte, auf die Sonnenscheindauer angewandt, sind Stunden pro Monat, und für die Strahlung, langleys pro Tag.

Die Verteilung der Sonnen- und Himmelsstrahlung auf der Erde

Von

Dr. phil. nat. H. E. Landsberg,

Direktor für Klimatologie in der Environmental Science Services Administration, Washington

Mit 22 Diagrammen

Es ist sehr angebracht, daß einem Atlas über Verbreitung von Krankheiten auf der Erde Sonnenscheinkarten angefügt werden. Der Sonnenschein ist nämlich das einzigste klimatische Element, für das direkte und indirekte Einflüsse auf die gesundheitlichen Verhältnisse des Menschen eindeutig bewiesen sind. Wir brauchen hier bloß an die Beziehungen des Sonnenscheins zur Pigmentierung der Haut, zum Erythem, zur Rachitis und zum Hautkrebs zu erinnern. Der therapeutische Wert des Sonnenscheins für viele Krankheiten, insbesondere für Hautkrankheiten und für die verschiedenen Formen der Tuberkulose und für Krankheiten des rheumatischen Formenkreises, ist offensichtlich. Strahlungsverhältnisse sind auch als ein Faktor im Auftreten der Multiplen Sklerose angeführt worden.

Darüber hinaus müssen auch die Einwirkungen der Sonnenstrahlung auf Krankheitserreger und -überträger beachtet werden, besonders wegen der abtötenden Wirkung des kurzwelligen Anteils der Sonnenstrahlung auf Mikroorganismen.

Obwohl also diese bioklimatischen Beziehungen der Sonnenstrahlung bekannt sind, fehlen bedauerlicherweise andererseits ausreichende Daten über Sonnenscheindauer und Sonnenstrahlung auf der Erde. Nur wenige Wetterstationen messen die einfallende Strahlung regelmäßig in allen Spektralgebieten. Für biologische Zwecke wäre es aber sehr wünschenswert, die Intensitäten im Ultraviolett (A und B), im Infrarot und im sichtbaren Bereich einzeln zu kartieren. Selbst für die Gesamtintensität auf die Horizontalfläche (die sogen. Globalstrahlung) sind die Angaben sehr spärlich.

Immerhin kann doch ein Anfang gemacht werden, in einer Weltkarte einen Überblick über die Verteilung der jährlichen Globalstrahlung auf der Erdoberfläche zu geben. Dieses Element gibt die Summe der direkten Sonnenstrahlung und der diffusen Himmelsstrahlung an. Diese Größe ist hauptsächlich von der geographischen Breite, der Meereshöhe, der Bewölkung und der atmosphärischen Trübung abhängig. Die Isolinien auf der begleitenden Karte geben den Verlauf der Gebiete mit gleich großen Gesamtstrahlungssummen als Wärmeenergie in Einheiten von Kilogrammkalorien pro Quadratzentimeter und Jahr wieder.

Die Kartierung dieser Einheit erlaubt, wenigstens ein allgemeines Bild der Verteilung dieses Elementes an der Erdoberfläche zu geben. Über den Ozeanflächen sind direkte Beobachtungen dieser Größe nur von wenigen Inseln vorhanden. Die Verteilung in diesen Gebieten wurde auf Grund von Bewölkungsdaten gewonnen. Dies ist eine ziemlich lose Ableitung, infolgedessen sind die Linien über den Ozeanen unsicher. Dagegen gibt es vom Festland der Erde bessere Daten. Wir konnten Beobachtungsreihen von mehr als 300 Stationen sichern. Viele von diesen haben bloß eine kurze Zeitspanne beobachtet. Manche waren nur für die Periode des Internationalen Geophysikalischen Jahres und der Internationalen Geophysikalischen Zusammenarbeit tätig. Diese Aufzeichnungen umfassen im allgemeinen die $2^1/_2$jährige Zeitspanne von Juli 1957 bis Dezember 1959. Immerhin ließen sich doch mit Hilfe von langjährigen Stationsresultaten die Isolinien auf die Dekade 1951—1960 abstimmen.

Für einige der am besten geführten Stationen sind Monatswerte in den beigefügten Diagrammen eingezeichnet. In diesen graphischen Darstellungen ist die mittlere Strahlungsintensität auf die Horizontalfläche in Grammkalorien pro Quadratzentimeter und Tag (für die verschiedenen Monate) angegeben. Obwohl die Zahl der Tage, an denen man Sonnenstrahlung erwarten kann, nicht angegeben ist, so läßt doch diese Maßzahl einen Schluß auf die allgemeine Verteilung der Sonnenstrahlung während des Jahres in den verschiedenen Zonen zu. Wir haben deshalb angestrebt, wenigstens eine Station für jede Breitenzone und jedes klimatische Hauptgebiet der Erde auszusuchen.

Die Verteilung der Strahlung über die Erde in der verallgemeinerten Form sieht sehr einfach aus. Über den Kontinenten, in Breiten höher als 35° N und S, besteht eine einfache Abnahme polwärts. Daraus folgt, daß die Strahlung hauptsächlich eine jahreszeitlich bedingte Größe ist. In den höheren Breiten kann wenig Strahlung im Winter erwartet werden und der hauptsächliche Anteil fällt zwischen das Frühlings- und Herbstäquinox. In den hohen Breiten über den Ozeanen lagern die semi-stabilen Tiefdruckzellen (im Nordatlantik das Islandtief, im Nordpazifik das Aleutentief und über den Ozeanen der Südhalbkugel die Tiefdruckrinne in 60° Breite), die als Hauptbewölkungszentren wenig Sonnenstrahlung auf die Erdoberfläche gelangen lassen.

Die äquatoriale Zone über den Kontinenten hat auch ein relatives Minimum der Strahlung. Dies ist eine Folge der innertropischen Konvergenz (ITC) der Luftströmungen. Viel Bewölkung und häufige Regengüsse, mit sonnigen Pausen, sind für diese Gegenden charakteristisch. In manchen Gebieten haben ganze Jahreszeiten von mehrwöchiger Dauer Sonnenschein mit heiterem oder schwachbewölktem Himmel.

Die Hauptgürtel des Sonnenscheins liegen in den subtropischen Gebieten, in denen dynamische Hochdruckzellen und absinkende Luftbewegung vorwiegen. Dies ist gleichzeitig die Zone der Wüsten und der ariden und semi-ariden Gebiete. Auf der Nordhalbkugel haben diese ihre größte Ausdehnung von Mauretanien und Marokko im W durch die Gebiete des großen Trockengürtels, die Sahara, Ägypten und den Sudan bis in den Mittleren Osten nach Arabien, Iran und Westpakistan. In Nord-

und Mittelamerika finden wir das Hauptstrahlungsgebiet in Nevada, Utah, Arizona, Neu-Mexiko, Mexiko, obwohl diese Länder nicht ganz so trocken sind wie einige der angeführten Gebiete der alten Welt.

Auf der Südhalbkugel haben Teile der chilenischen Küste und Teile von Argentinien eine sehr intensive Sonnenbestrahlung, auch einige Teile der Hochländer Südamerikas. Gleichartige Bedingungen bestehen in Südwest-Afrika (Kalahari) und in den ostwärts anschließenden typischen Savannengebieten. Auch Zentralaustralien weist die charakteristische subtropische Strahlungsverteilung auf.

Eine Karte im hier gegebenen Maßstab kann natürlich nicht alle Einzelheiten der wirklichen Strahlungsverhältnisse in der Natur wiedergeben. Von größtem Einfluß ist die Lage eines Ortes in Beziehung zu größeren Wasseroberflächen und Gebirgen. In Gebirgen haben Orte im Lee der vorherrschenden Windrichtung mehr Sonnenschein als die im Luv gelegenen. Jahreszeitlich gebundene Nebelbildung hat auch Einfluß auf Strahlungsintensitäten und Sonnenscheindauer.

Im allgemeinen nimmt die Strahlungsintensität mit wachsender Meereshöhe zu, im besonderen wird der relative Anteil der Ultraviolettstrahlung größer. Man muß auch weiter berücksichtigen, daß Unterlicht eine große Rolle spielt in Gebieten, die Reflexion von Strahlung durch Schneedecken und helle Sandflächen haben. Diese Zusatzstrahlung ist auch nicht in den Daten enthalten, die von den üblichen Meßgeräten der Globalstrahlung registriert werden. Dieses Unterlicht ist biologisch ein wichtiges Element mancher Ortsklimate.

Als eine Ergänzung der Karte über die Jahresintensität mögen zwei Karten der Verteilung der Sonnenscheindauer im Januar und Juli gelten. Diese Karten wurden auf Grund der Daten von 1162 ungleich verteilten Landstationen entworfen. Diese wurden ergänzt durch Schätzungen für 262 Stellen auf den Ozeanen entlang der üblichen Seewege, für die monatliche Mittelwerte der Bewölkung aus neueren marin-klimatischen Atlanten entnommen wurden. Diese Schätzung beruht auf der Formel:

$$S \approx T (10 - C),$$

wobei   S = die geschätzte monatliche Sonnenscheindauer,
       T = die maximal mögliche Sonnenscheindauer für den Monat,
       C = die mittlere monatliche Bewölkung in Zehntel Teilen des Himmels

bedeuten.

In den beiden Karten wurden gestrichelte Linien verwendet, um anzudeuten, daß an diesen Stellen die Analyse hauptsächlich auf Bewölkung und geschätzte Daten zurückzuführen ist.

Die Länge der Aufzeichnungen, von denen die monatlichen Mittelwerte abgeleitet wurden, ist nicht einheitlich. So weit wie möglich wurden mittlere Werte aus Quellen direkt übernommen. Manche dieser Quellen datieren bis zum Anfang unseres Jahrhunderts zurück. Zusätzliche Daten wurden durch Summierung der neuesten vorhandenen Monatswerte erhalten. In diesem Falle wurden durchweg 10 Jahre zusammengefaßt. Immerhin war es unumgänglich, in einzelnen Gebieten mit wenig

Daten auszukommen und dabei auch Stationen mit nur 2jährigen Beobachtungsreihen mitzuverwenden.

Die Unterschiede verschiedener Sonnenscheinschreiber wurden nicht ausgewertet; sie sind in langjährigen Mitteln vermutlich klein. Diese Annahme wird durch die Tatsache bestätigt, daß an Landesgrenzen keine Unstetigkeiten oder steile Gradienten auftraten. Eine Ausnahme bilden allerdings die Meeresküsten.

Diese Karten zeigen die Unterschiede zwischen den Halbkugeln und den Jahreszeiten auf. Besonders bemerkenswert ist das kleine Gebiet im Januar, das ein Mittel von mehr als 10 Tagesstunden Sonnenschein hat (Isolinie 350 Sonnenscheinstunden im Monat oder höher). Nur Südwest-Afrika und das Innere Australiens haben ein derart sonnenreiches Klima. Man muß dabei noch berücksichtigen, daß dieses Maximum während des dortigen Sommers erreicht wird. Einige Stellen in der Sahara, im mittleren Niltal und in Arabien erreichen nahezu gleich hohe Werte sogar während des Winters.

Andererseits finden wir im Sturmgürtel in den südlichen Breiten um 50° S herum und in den meisten nördlichen Breiten über 40° N weniger als 100 Sonnenscheinstunden im Mittel für den ganzen Monat Januar. Teile des Inneren Brasiliens und nahezu ganz Ostasien liegen in den wolkenbedeckten Gebieten.

Ganz im Gegensatz hierzu gibt es im Juli weite Landflächen mit Werten über 350 Sonnenscheinstunden im Monat. Das größte zusammenhängende Gebiet erstreckt sich von Nordafrika über die Mittelmeerländer bis zu den Ländern des Mittleren Ostens. Eine weitere große Fläche liegt im westlichen Nordamerika. Ein umschriebenes Gebiet mit hohem Wert findet sich selbst noch im Polarmeer. Allerdings bezieht sich diese Beobachtung bloß auf eine einzige kurze Registrierung.

Die Gebiete mit wenig Sonnenschein bedecken große Flächen der Ozeane und die Breiten südlich von 40° S. Bemerkenswert ist die Bewölkung im Ostpazifik, die längs der Westküste Nord- und Südamerikas verläuft. In Indien fallen niedrige Werte während des Sommermonsuns auf. Wie wohl bekannt ist, hat dieser Subkontinent seine höchsten Sonnenscheinwerte im Frühling.

Zur Ergänzung sind in den begleitenden Diagrammen die Monatswerte der mittleren Sonnenscheindauer und die mittleren täglichen Summen der Strahlungsintensität auf die Horizontalfläche, soweit vorhanden, aufgezeichnet.

Literatur — References

Budyko, M. I.: Atlas Teplovogo Balantsa. Leningrad Glav. Geofis. Obs. Voeikova (1955).

Landsberg, H. E.: Solar Radiation at the Earth's Surface. Solar Energy, V (3), 95—98 (1961).

U. S. Navy, Marine Climatic Atlas of the World:
     Vol.   I NAVAER 50 — 1C — 528 (1955);
     Vol.   II NAVAER 50 — 1C — 529 (1956);
     Vol. III NAVAER 50 — 1C — 530 (1957);
     Vol. IV NAVAER 50 — 1C — 531 (1958);
     Vol.   V NAVAER 50 — 1C — 532 (1959).

United Nations Educational, Social, and Cultural Organization (UNESCO), Arid Zone Research — VII, Wind and Solar Energy. Proceedings of the New Delhi Symposium (1956).

Jahreszeitenklimate der Erde

Der jahreszeitliche Ablauf des Naturgeschehens in den verschiedenen Klimagürteln der Erde

Von

Professor Dr. phil. Dr. sc. h. c. Dr. h. c. C. TROLL

Direktor des Geographischen Instituts der Universität Bonn

Mit 8 Diagrammen

Das Leben auf der Erde von Pflanzen, Tieren und Menschen, auch der Träger und Überträger epidemischer Krankheiten, ist einem sich vielfältig überschneidenden Rhythmus klimatischer Erscheinungen unterworfen, der von Breitenzone zu Breitenzone, von Klimagürtel zu Klimagürtel und mit der Meereshöhe wechselt. Dem von der Rotation der Erde verursachten tageszeitlichen Rhythmus steht der durch die Erdumdrehung um die Sonne bedingte jahreszeitliche Rhythmus gegenüber. Rhythmisch ist der Ablauf der Bestrahlung, der Temperatur und der Niederschläge, daher vielfach auch der Luftfeuchtigkeit oder der Nebelerscheinungen. Die dem Mittel- und Westeuropäer gewohnte Abwechslung im Ablauf der thermischen Jahreszeiten und Tageszeiten, der Wechsel von Winter und Sommer mit den langen Übergangsjahreszeiten dazwischen und die Unterschiede der Tageslängen in diesen Jahreszeiten sind eine besondere Gunst dieser Breiten, ebenso wie die relativ gleichmäßige Verteilung der Niederschläge.

1. Die irdische Ordnung im Ablauf der Jahreszeiten und Tageszeiten

Die Zone zwischen den Wendekreisen, die im deutschen Sprachgebrauch einheitlich als die Tropenzone bezeichnet, im französischen aber in die Äquatorialzone und die beiden Tropenzonen gegliedert wird, sollten wir besser nicht die heiße, sondern die winterlose Zone, d. h. die Zone ohne thermische Jahreszeiten nennen. Denn die höchsten Temperaturen kommen gar nicht in den Tropen vor, und außerdem gibt es in den tropischen Gebirgen und Hochländern auch ausgedehnte kalte Regionen bis zum ewigen Eis, die gleichfalls den Tropen angehören („kalte Tropen"). Dagegen fehlt den Tropen der Gegensatz einer warmen und kalten Jahreszeit. Dafür werden infolge der starken tageszeitlichen Bestrahlung die Temperaturunterschiede von Tag und Nacht viel mehr fühlbar. Am Äquator selbst haben wir ein reines Tageszeitenklima, bei dem die Temperaturunterschiede der Monate weniger als 2° C betragen. Auch die Unterschiede der Tageszeitenlängen verschwinden am Äquator vollständig. Der Äquator ist die Äquinoktiallinie, an der Tag und Nacht jahraus jahrein 12 Stunden betragen.

Umgekehrt hört im Bereich der Polarkappen jenseits der Polarkreise der Unterschied der thermischen Tageszeiten auf, da an die Stelle von Tag und Nacht der Polartag und die Polarnacht treten, die sich gegen die Pole immer mehr verlängern, bis an den Polen selbst ein halbjähriger „Tag" und eine halbjährige „Nacht" herrschen und der Unterschied des 24stündigen Temperaturrhythmus vollständig geschwunden ist. Das Klima der Pole ist daher ein reines Jahreszeitenklima. In Polnähe verschiebt sich infolge der Ausstrahlung in der Polarnacht die kälteste Zeit des Jahres auf den Spätwinter, auf Februar und März in der Arktis, August und September in der Antarktis.

Die Wendekreise und Polarkreise, bei etwa 23½° bzw. 66½° Breite gelegen, ergeben sich aus der Lage der Erdachse zur Erdbahn (Ekliptik). Die Erdachse ist gegen die Erdbahn in einem Winkel von 66½° geneigt oder — anders ausgedrückt — die Äquatorebene bildet mit der Erdbahnebene einen Winkel von 23½° (Schiefe der Ekliptik), ein Winkel, der sich im Laufe der Jahrhunderte um einen kleinen Betrag geändert hat. Dieser Winkel ist die Voraussetzung für die gesamten tageszeitlichen und jahreszeitlichen Wechsel des irdischen Geschehens in den verschiedenen Breitenlagen.

Die Beleuchtungsverhältnisse, die auf astronomische Ursachen zurückgehen, können aber nur die Unterschiede der Jahreszeiten nach den mathematischen Breitengürteln der Erde erklären. Für das wirkliche Verteilungsbild der Jahreszeiten kommen eine große Zahl tellurischer Voraussetzungen hinzu, die das klimatische Geschehen auf der Erde mitbestimmen. Dazu gehört vor allem die Verteilung von Wasser und Land, von der in den Mittelgürteln der Erde der jahreszeitliche Gang der Temperatur entscheidend abhängig ist, was die Klimatologie in dem Begriff der Ozeanität und Kontinentalität ausdrückt. Eine weitere tellurische Grundvoraussetzung ist die Höhenverteilung der Erdoberfläche. Mit der Meereshöhe nehmen die Temperaturen in einer ziemlich regelmäßigen Weise ab, was in den Zonen mit thermischen Jahreszeiten eine Verkürzung der warmen Jahreszeit und der Vegetationszeit, eine Verlängerung des Winters, aber ohne eine wesentliche Veränderung der Beleuchtungszeiten, bedeutet. Die zonale, regionale und hypsometrische Verteilung der Temperatur und ihre jahreszeitlichen Schwankungen bedingen weiter die großen Luftdruckunterschiede und als deren Folge die Luftzirkulation. Die Winde aber regeln die Verteilung der Niederschläge auf der Erde. Die Niederschlagsjahreszeiten oder hygrischen Jahreszeiten sind in einem großen Teil der Erde ebenso wichtig wie die Beleuchtungs- und Temperaturjahreszeiten in einem anderen, ja in den Gebieten, wo die thermischen Jahreszeiten wenig ausgeprägt sind oder ganz fehlen, treten sie als die das Naturgeschehen bestimmenden Jahreszeiten auf. *Beleuchtungsjahreszeiten, thermische Jahreszeiten und hygrische Jahreszeiten erzeugen drei verschiedene Raumordnungen auf der Erdoberfläche*, die sich gegenseitig überlagern und ein recht komplexes Bild des klimatischen Ablaufs im Jahresrhythmus ergeben. Ein

Sonderfall hygrischer Jahreszeiten ist dann gegeben, wenn es sich nicht um Perioden des Regenfalles, sondern um solche der Luftfeuchtigkeit handelt, von der die Verdunstung beherrscht wird.

2. Thermische Jahreszeiten- und Tageszeitenklimate

Den vollständigen Überblick über das thermische Verhalten eines Ortes erhält man bei der Darstellung in sogenannten Thermoisoplethen-Diagrammen, die die Veränderung der Temperatur eines Ortes im jährlichen und tageszeitlichen Wechsel gleichzeitig veranschaulichen (vgl. Abb. 1). Durch Eintragung der mittleren Stundentemperatur der 24 Tagesstunden für alle 12 Monate in ein Koordinatensystem und durch die Verbindung der Punkte gleicher Temperatur durch Isolinien entsteht ein Bild, aus dem man alle Änderungen der mittleren Temperaturen überblicken und ablesen kann. Man kann das Kurvenbild auch als eine gekrümmte Wärmefläche ähnlich dem Kurvenbild eines Höhenreliefs auffassen, mit Kältetälern und Kältemulden, Wärmegraten und Wärmegipfeln. Die Streckung der Isolinien in der Richtung der Abszisse bedeutet, daß die jahreszeitlichen Schwankungen gering sind, die Streckung in der Richtung der Ordinate dasselbe für die tageszeitlichen Schwankungen. Die Dichte, in der die Isoplethen in einem Feld des Diagramms in der Richtung der x- und y-Achse aufeinanderfolgen, zeigt, entsprechend der Dichte der Isohypsen auf einer Höhenschichtenkarte, den Gradienten der jahreszeitlichen bzw. tageszeitlichen Temperaturänderungen an. Auf den ersten Blick unterscheiden sich dabei polare und äquatoriale Klimate als volle Gegensätze. Bei dem Diagramm für McMurdo Sound am Ufer des Roßmeeres in der Antarktis bei 77°42′ S (vgl. Abb. 2) verlaufen die Isoplethen fast alle in vertikaler Richtung — ein Zeichen dafür, daß die Tagesschwankungen ganz unmerklich sind (0,6° C im Juli, 1,8° C im Dezember), die Jahresschwankungen aber beträchtlich (22° in den Monatsmitteln). In horizontaler Richtung lesen wir die vier Temperaturjahreszeiten des polaren Küstenklimas ab, den „kernlosen" Winter der Monate Mai bis September, den raschen Temperaturanstieg des polaren Frühlings von September bis Dezember, den gleichmäßig warmen Sommer der Monate Dezember und Januar und den raschen Temperaturabfall in den Herbstmonaten Februar bis April. Das Klima ist als ausgesprochenes *Jahreszeitenklima* zu bezeichnen.

Das volle Gegenteil bieten die äquatorialen Stationen Singapore (Abb. 3) und Quito (Abb. 4). Die Isoplethen verlaufen in der Hauptsache horizontal als Zeichen dafür, daß die jährlichen Temperaturschwankungen ganz gering sind. In der Richtung der Ordinaten dagegen lesen wir merkliche Tageszeitenschwankungen ab. Die nächtlichen Stunden der Ausstrahlung und der langsamen Temperaturerniedrigung bis zum Sonnenaufgang, der jahraus jahrein um 6^h morgens erfolgt, der rasche Temperaturanstieg in den Vormittagsstunden, besonders bei der Hochlandstation Quito (2850 m); der etwas langsamere Temperaturabstieg am Nachmittag bis Sonnenuntergang. Die Klimate sind thermisch als reine *Tageszeitenklimate* anzusprechen. Die stärkeren Tagesschwankungen in Quito sind ein Ausdruck der in der Höhe herrschenden stärkeren Sonnenstrahlung, z. T. auch der Beckenlage.

In den *mittleren Breiten* haben wir es mit Tages- und Jahreszeitenklimaten mit fühlbaren Schwankungen in beiden Richtungen zu tun. Dadurch entstehen bei den gewählten Maßstäben ringförmige Kurvenbilder mit dem „Wärmegipfel" in den frühen Nachmittagsstunden des wärmsten Monats und „Kältemulden" im kältesten Monat vor Sonnenaufgang (Abb. 1). Die verschiedene Tageslänge äußert sich in der Verschiebung des Temperaturminimums am Morgen vom Winter zum Sommer (s. Eintragung des Sonnenauf- und -unterganges). Die geringe Zahl der Kurven ist ein Ausdruck für die Ozeanität des englischen Klimas, das sich in der Jahresschwankung und Tagesschwankung im gleichen Sinne auswirkt. Die Jahresschwankungen sind aber hier außerhalb der Tropen schon viel größer als die Tagesschwankungen. Auf der Darstellung geht eindrucksvoll die Ausgeglichenheit des klimatischen Temperaments der Mittelgürtel hervor, das sich auf den ausgeglichenen Rhythmus der Schaffenskraft der Menschen so wohltuend auswirkt. Das hochkontinentale Klima von Irkutsk (Abb. 5) hat viel größere Jahreszeiten- und Tageszeitenschwankungen, aber bei ähnlicher Breite ein ähnliches Verhältnis der beiden und daher ein ähnliches, nur viel dichteres Kurvenbild. Nach Norden und Süden verändern sich die Kurvenbilder in der zu erwartenden Weise. In der warmgemäßigten Zone würden wir eine Streckung der geschlossenen Kurven zu horizontalen Ovalen, in den kaltgemäßigten Breiten eine Streckung zu senkrecht stehenden Ovalen erhalten. Ein besonderer Vorteil der Darstellung liegt darin, daß Klimate aus gleichen Breitenzonen unabhängig von der absoluten Höhe der Temperatur (Meereshöhe) als zum gleichen Typus gehörig erkennbar sind, da das Kurvenbild den Ablauf der Jahreszeiten und Tageszeiten mit einem Blick erkennen läßt.

3. Der Wechsel der thermischen Jahreszeiten als Folge der Land- und Wasserverteilung

Die größte Veränderung erfährt die geschilderte zonale Anordnung der Wärmejahreszeiten in den Mittelgürteln der Erde durch die verschiedene Verteilung von Wasser und Land. Da das Wasser, ganz besonders das Salzwasser der offenen Meere, durch seine höhere Wärmekapazität, seine Durchsichtigkeit, sein Reflexionsvermögen und vor allem durch die Fähigkeit des konvektiven Austausches zwischen erkaltetem Oberflächen- und wärmerem Tiefenwasser sich im Winter viel weniger abkühlt und im Sommer viel weniger erhitzt als die feste Erde, schwächt es die Jahresschwankungen der Temperatur der unteren Luftschichten beträchtlich ab. Dies so erzeugte ozeanische Klima überträgt sich in den gemäßigten Breiten mit den vorherrschenden westlichen Winden in abnehmender Stärke auf die Festländer, besonders weit in Europa, das vom Golfstrom bespült ist und das dem Zutritt ozeanischer Luftmassen besonders offensteht. Während in Nordamerika der nordsüdliche Verlauf der Kordilleren einen schnellen Sprung vom ozeanischen zum kontinentalen Klima verursacht, spielt sich in Europa und Nordasien dieser Übergang zu immer kontinentalerem Klima Schritt für Schritt ab, bis im nordöstlichen Sibirien das kontinentalste Klima der Erde erreicht wird. Der *Grad der Ozeanität und Kontinentalität* kommt in der Jahresschwankung der Temperatur zum Ausdruck, der in Thornshavn auf den Faer Oern nur 7,6° C (Jahresmitteltemperatur +6,5° C), in Werchojansk in Nordostsibirien aber etwa 66° C (Mitteltemperatur —16,3° C) beträgt.

An der Südwestküste Irlands sind unter dem Einfluß der atlantischen Warmwasserheizung die Winter so mild (mittleres Jahresminimum —1,7° C), daß halbnatürliche, immergrüne Wälder entstehen mit Stechpalme (Ilex aquifolium), Erdbeerbaum (Arbutus Unedo), Kirschlorbeer (Prunus laurocerasus) und Rhododendron ponticum, in denen Arbutus und Efeu im Spätherbst blühen und im Winter ihre Früchte reifen können. Fremdländische Zierbäume wie Yucca gloriosa, Araucaria imbricata, Magnolien, Myrten, chinesische Camellien, japanischer Bambus und riesige Feigenbäume bieten das Bild einer subtropischen Kulturlandschaft. Auf der anderen Seite aber fehlt die Sommerwärme, und Früchte, die auf diese angewiesen sind, kommen nicht zur Reife, wie Weinrebe, Aprikose und Mandel. Selbst die Kirsche reift nur mit Schwierigkeiten. Eine Eigentümlichkeit des Seeklimas sind die langen Übergangsjahreszeiten, ein kühles Frühjahr und ein langer warmer Herbst.

Welch ein Gegensatz dazu im kontinentalsten Nordsibirien! Dort sinkt die Mitteltemperatur des Januar unter —50° C, die tiefsten Temperaturen kommen nahe an —70° C heran. Die Temperatur des Juli dagegen steigt auf +15,4° C und entspricht der des westlichen England. Die absoluten Extreme schwanken zwischen —67,8° und +33,7° C, also um über 100° C. Dabei herrscht in den tieferen Bodenschichten die ewige Gefrornis, über der allerdings im warmen Sommer ein mehrere Meter tiefer Auftauboden entsteht, auf dem noch Lärchenwälder von Larix dahurica und einige Laubbäume wie Birken, Pappeln und Weiden gedeihen können. An bestimmten Stellen wächst das Bodeneis durch Nachfuhr von Wasser aus der Tiefe zu mächtigen Aufblähhügeln (Naledi) empor. Selbst Bäume können unter der Wirkung der Winterkälte mit lautem Krachen zum Bersten kommen. Der erste Regen fällt Ende Mai oder Anfang Juni, und erst dann lockert sich das Eis der Flüsse. Der Juni bringt in schnellem Übergang Wärme, die allerdings noch durch gelegentliche Nachtfröste unterbrochen werden kann. Im Juli sind die Wälder von Mückenschwärmen bevölkert, die das Leben für Mensch und Vieh unerträglich machen und die man sich durch Rauchfeuer fernzuhalten sucht. Schon Mitte August kann wieder Schnee fallen, Ende September beginnen die Schneestürme und die Flüsse frieren wieder zu.

Zwischen diesen extremen Klimaten spielen sich die verschiedenen Übergänge ab, die man je nach dem Standpunkt der Betrachtung als Abnahme der Ozeanität oder Zunahme der Kontinentalität auffassen kann. *Der thermische Ablauf der Jahreszeiten und die Länge der Vegetationsperiode sind in diesen Breiten die für eine natürliche Klimaklassifikation entscheidenden Merkmale.* Auf die euozeanische Zone Westeuropas, in der noch die Stechpalme und andere immergrüne Holzpflanzen gedeihen, folgt etwa entlang der 2°-Isotherme des kältesten Monats die subozeanische Zone Mitteleuropas und des Donauraumes, in der der strengere Winter eine vollkommene Vegetationsruhe erzwingt, wo aber Rotbuche, Edeltanne, Traubeneiche und Efeu noch stark ozeanische Züge erkennen lassen (Temperatur des kältesten Monats +2° bis 3° C, Vegetationsdauer von über 200 Tagen). Eine weitere Verlängerung der Vegetationszeit und Verstärkung der Winterkälte führt in die subkontinentale Mischwaldregion Mittelrußlands (mit Stieleiche, Linde und Spitzahorn), die etwa in der Linie von Mittelschweden und Südfinnland zum südlichen Ural an die boreale Nadelwaldregion grenzt. Alle diese Grenzlinien und schließlich auch die polare Grenze des Wald- und Baumwuchses sind ein Ausdruck der abnehmenden Vegetationsdauer, die aus der mittleren Temperatur der Breitenlage und dem Grad der Ozeanität bzw. der Kontinentalität resultiert. Alle drei Linien konvergieren gegen das westliche Norwegen und laufen dort zur Küste aus. Die polare Waldgrenze schließlich hat im ganzen einen allgemeinen westöstlichen Verlauf. Man bringt sie mit der 10°-Isotherme des Juli oder einer Vegetationsperiode von 100 Tagen mit über 5° C in Verbindung.

Die kontinentalen Nadelwaldklimate des nördlichen Eurasien und des nördlichen Nordamerika mit ihren im Sommer üppig grünenden, im Winter tief verschneiten Wäldern und den lange gefrorenen Flüssen und Seen haben *kein Gegenstück auf der südlichen Halbkugel*. An Stelle der riesigen Landmassen zwischen 60 und 70° nördlicher Breite dehnt sich auf der südlichen Halbkugel zwischen 55 und 65° Breite der geschlossene, nur von winzigen ozeanischen Eilanden unterbrochene subantarktische Wasserring aus. Die Ozeanität ist dort an der Südspitze von Südamerika, von Neuseeland und auf Tasmanien bereits der Faer Oer gleich, und auf den subantarktischen Inseln (Südgeorgien, Südsandwich-Inseln, Kerguelen, Macquarie-Inseln etc.) ist sie noch ausgeprägter. Die letztgenannten Inseln bei 54°3′ S haben wohl das thermisch ausgeglichenste Klima der Erde, das der Isothermie am nächsten kommt (Abb. 6). Die Tagesschwankung beträgt nur 3,5° C und die 24stündigen Schwankungen sind in den einzelnen Monaten mit 0,5 bis 2° C noch geringer. Die mittleren Stundentemperaturen des Jahres schwanken nur zwischen 2,8° und 7,7° C. Es handelt sich also um den kuriosen Fall eines Klimas ohne ausgeprägte Jahreszeiten und Tageszeiten. Das Klima ist ewig kühl und naß, Schnee fällt häufig, taut aber immer wieder schnell weg. Wenn Fröste auftreten, sind sie von ganz kurzer Dauer und dringen nur wenige Zentimeter in den Boden ein. Winter und Sommer sind wohl noch etwas unterschieden, aber von einem Frühling oder Herbst kann man nicht sprechen. Waldwuchs ist nicht möglich, weil die warme Jahreszeit fehlt. Die Vegetation ist zusammengesetzt aus Büschelgräsern, Hartpolstergewächsen, Zwergspalierrasen und wolligen Kräutern. Bei der Isothermie und Frostarmut ist es aber auch verständlich, daß schon eine allgemeine Temperaturerhöhung um einige Grad ein günstiges Klima schafft, das auch anspruchsvollen Pflanzen das Leben ermöglicht. So finden wir schon auf der Stewartinsel im Süden von Neuseeland nicht nur immergrüne, das ganze Jahr über vegetierende Wälder, sondern darin bereits alle Gattungen der Baumfarne, die uns hier in Europa als Pflanzen der Tropenzone erscheinen. Im Blühen der Pflanzen tritt kein völliger Stillstand ein, so daß in Südneuseeland die vom Nektar der Blumen lebenden Honigvögel als Standvögel leben können, ebenso wie in Westpatagonien und Feuerland die amerikanischen Kolibris. Westpatagonien und Neuseeland sind trotz der ozeanischen Weiten, die sie trennen, nicht nur ökologisch, sondern auch floristisch sehr nahe verwandt. Südbuchen der Gattung Nothofagus, die breitnadeligen Koniferen der Gattung Podocarpus, immergrüne Weinmannia- und Myrtenbäume, Fuchsien, Farne vom baumförmigen Wuchs bis zu den zarten, Stämme und Äste überziehenden Hautfarnen sind in beiden Gebieten vertreten. Auf den Inseln des neuseeländischen Sektors kommt bei diesen Verhältnissen die Tropenvegetation der waldfreien Subpolarzone recht nahe.

4. Die Veränderung der Jahreszeiten mit der Meereshöhe

Wenn auch in Gebirgen bei bestimmten Wetterlagen eine vertikale Temperaturumkehr (Inversion) durch das Absinken erkalteter Luft in die Becken und Täler eintreten kann, so gilt im klimatischen Durchschnitt doch überall auf der Erde das Gesetz von der Temperaturabnahme mit der Höhe. Die thermische Höhenstufe (Temperaturabnahme pro 100 m Höhendifferenz) schwankt in normalen Fällen um den Wert von 0,5° C (0,45 bis 0,67°), wobei auch jahreszeitliche Unterschiede bestehen.

In den gemäßigten und polaren Breiten der Erde bedeutet Abnahme der Temperatur mit der Höhe eine Verlängerung des Winters und auch eine Verkürzung der Vegetationszeiten. Der Frühling steigt in die Berge, der Herbst steigt vom Gebirge ins Tal. Dasselbe tut der Senne mit seinem Vieh, wenn er es aus den Ställen des Tales über die „Maiensässe" und die Niederleger zum Hochleger treibt. Die vertikalen Vegetationsgürtel der Alpen sind ein Ausdruck für die verkürzte Vegetationszeit.

Dies ist alles ganz anders in den tropischen Gebirgen. Das Fehlen der thermischen Jahreszeit zeichnet alle Klimate der inneren Tropen vom Tiefland bis zum Hochgebirge aus. Die heiße Stufe des Tieflandes und der niederen Bergländer hat ewigen Sommer (Tierra caliente der tropischen Kordilleren). In den mittleren Höhen der sog. Tierra templada und auch noch in der Tierra fria, die in Peru und Mexiko bis etwa 4000 m, in Columbien und Ecuador bis etwa 3500 m reicht, herrscht jahraus jahrein Frühling. In den Städten der äquatorialen Hochländer, wie Bogotá, Medellin, Quito ebenso wie in den Höhenstationen von Java, Ceylon und Ostafrika, stehen die Gärten das ganze Jahr hindurch in Blüte. In den Hochbecken von Südkolumbien sieht man vom Flugzeug aus eine bunt gemusterte Landschaft, da die Getreidefelder gleichzeitig junge Saat, halb herangewachsenes und reifes Korn tragen, oder frisch gepflügt sein können.

5. Die hygrischen Jahreszeiten der Tropen

Als die Spanier das tropische Amerika entdeckten und besiedelten, fanden sie dort ein Klima vor, das den ihnen gewohnten Wechsel eines kühlen, regenreichen Winters und eines heißen trockenen Sommers nicht kannte, wohl aber den Wechsel von Regen- und Trockenzeiten bei ganz geringen Wärmeunterschieden. Sie nannten daher die nasse Jahreszeit mit den Überschwemmungen der Tieflandströme, den aufgeweichten Wegen und der erhöhten Gefahr der Infektionskrankheiten „Invierno" (obwohl sie mit dem astronomischen Sommer zusammenfällt), die trockene Jahreszeit „Verano". Dies ist ein Ausdruck dafür, daß *in den Tropen ganz allgemein die Jahreszeiten von Niederschlag, Luftfeuchtigkeit und Wasserhaushalt bestimmt werden*. Die Menge der Niederschläge fällt dabei durch die tägliche Erwärmung und das konvektive Aufsteigen der Luftschichten in sog. Zenitalregen, die gewöhnlich in Form von nachmittäglichen Wärmegewittern niedergehen. Ihr Name Zenitalregen soll besagen, daß sie an die Jahreszeit des senkrechten Sonnenstandes gebunden sind. Da die Sonne am Äquator zweimal, zur Zeit der Äquinoktien, im Zenit steht, an den Wendekreisen nur einmal zur Zeit der Sommersonnenwende, folgt, daß am Äquator zwei Regenzeiten herrschen, die in gleichen Abständen durch kürzere Trockenzeiten oder wenigstens durch eine Abschwächung

der Niederschläge getrennt sind, gegen den Rand der Tropen aber nur eine Regenzeit und eine Trockenzeit. Zwischen Äquator und Wendekreis rücken die beiden Regenzeiten zusammen, und zwischen ihnen liegt eine längere und eine kürzere Trockenzeit.

Nicht alle tropischen Regenwälder liegen im Gebiete der äquatorialen zenitalen Niederschläge. Es gibt noch einen anderen weit verbreiteten Klimatyp mit Regen zu allen Jahreszeiten, bei dem aber zwei genetisch verschiedene Regenzeiten abwechseln, eine sommerliche Zeit der konvektiven Zenitalniederschläge und eine winterliche Zeit mit advektiven Passatregen. Passatische Niederschläge entstehen dort, wo die winterlichen Passate, die in den Nordtropen als Nordostpassate, in den Südtropen als Südostpassate wehen, zum Aufsteigen gezwungen werden, also vor allem an den Ostabdachungen der Gebirge und an den Ostseiten der Festländer (Ostseite Mittelamerikas, Osthang der Anden von Peru, Bolivien und Westargentinien, Ostküste Brasiliens und Serra do Mar, Ostabdachung Madagaskars, Queensland usw.). In diesen Fällen wirkt dann die Zeit der winterlichen Steigungsregen meist als die feuchtere Jahreszeit, da die ständig wehenden Passate hohe Luftfeuchtigkeit, Nebel und Nieselregen erzeugen, während die Zeit der sommerlichen Zenitalregen mit tageszeitlichen Gewittergüssen zwar hohe Niederschlagssummen ergibt, dazwischen aber viel heiteres Wetter mit geringer Luftfeuchtigkeit hat.

Geographen, Meteorologen, Botaniker und Bodenforscher haben sich seit langem bemüht, den Wechsel der Klimate verschiedener Feuchtigkeitsgrade für eine natürliche Klimaklassifikation auch zahlenmäßig zu erfassen. Da die gleiche Niederschlagsmenge je nach der Temperatur und der besonders von der Temperatur abhängigen Verdunstung ganz verschiedene Wertigkeit für den Haushalt der Landschaft besitzt, mußte man hygrothermische Indizes aufstellen: Regenfaktor, Ariditätsindex, N/S-Quotient usw. Versuche, aus solchen Quotienten entworfene Klimakarten mit der natürlichen Verbreitung der Vegetationsformationen in Einklang zu bringen, haben schließlich zu der Erkenntnis geführt, daß die Jahreswerte von Temperatur, Niederschlag und Feuchtigkeit viel weniger besagen als die Dauer der ariden und humiden Jahreszeiten. Für die Vegetationszone des tropischen Afrika und Südamerika haben sich die folgenden Werte der ombrothermischen Klimate als geeignet erwiesen:

humide Monate		aride Monate
12—9½	Gürtel des Regenwaldes und Übergangswaldes	0—2½
9½—7	Feuchtsavannengürtel	2½—5
7—4½	Trockensavannengürtel	5—7½
4½—2	Dornsavannengürtel	7½—10
2—1	Halbwüstengürtel	10—11
1—0	Wüstengürtel	11—12

Regenzeit und Trockenzeit beherrschen das Natur- und Menschenleben in den Tropen wie Winter und Sommer in unseren Breiten. Der Jahresrhythmus des Tierlebens nach Brunst und Brutzeit, der Zug der Vögel und die Wanderungen der Heuschreckenschwärme, das Auftreten parisitärer Krankheiten für Mensch und Tier, die Wanderungen des Weideviehs zwischen nassen und trockenen Futterplätzen, alles spielt sich im Wechsel der

Regen- und Trockenzeit ab. Die Fallaubwälder der Tropen sind trockenkahl, die Fallaubwälder unserer Breiten winterkahl. Es gibt in Südamerika tropische Tieflandebenen, die in der Regenzeit weithin überschwemmt sind, so daß sich der Verkehr zwischen den auf Erhöhungen liegenden Siedlungen im Boot abspielen muß, während in der Trockenzeit die gleichen Ebenen ausgedörrt daliegen und man über die harten, in Trockenrissen aufklaffenden Tonböden mit Ochsenkarren oder Kraftwagen verkehren kann. Die Besiedlung weiter Landstriche mit schlechten Grundwasserverhältnissen kann lediglich davon abhängen, ob die Menschen die Fähigkeit haben, sich Wasserreserven für die Trockenzeit anzulegen. Auf dem Dekanplateau Indiens haben dies die Menschen, die das Rind als Arbeitstier verwenden, seit alter Zeit durch die Anlage von Stauteichen neben ihren Siedlungen getan, der ostafrikanische Negerhackbauer hat diese Kunst bisher nicht erlernt. Der Beginn der Regenzeit ist in den wechselfeuchten Tropen das Erwachen der Natur, und so wie bei uns die Knospen der Bäume schon vor Einsetzen der Wärme schwellen, so kündigt sich der Tropenfrühling dadurch an, daß bestimmte trockenkahle Bäume und Sträucher schon vor dem Einsetzen des Regens und vor der Belaubung ihre Blüten entfalten. Und da mit dem Anstieg in die Gebirge im allgemeinen die Menge der Niederschläge und die Dauer der Regenzeit wächst, steigt der Tropenfrühling von den Bergen in die Ebene hinab.

Aride und humide Jahreszeiten beherrschen die *Tropenklimate* auch *in den größeren Meereshöhen*, wo den niedrigen Temperaturen entsprechend schon geringere Niederschläge ausreichen, um eine bestimmte Humidität des Klimas zu erreichen. Für Tropenländer, bei denen die Kernlandschaften sich zu großen Meereshöhen erheben, wie Mexiko, Costa Rica, Columbien, Venezuela, Ecuador, Peru, Bolivien und Äthiopien ist die Aufhellung dieser Zusammenhänge von großer Wichtigkeit. In den Anden unterscheidet schon der Volksmund in den großen Höhen über der Grenze des Waldes zwischen den immerfeuchten tropischen Hochgebirgslandschaften, die mit dem spanischen Wort *„Paramo"* bezeichnet werden, und den periodisch trockenen bis sehr trockenen Hochregionen, für die sich die indianische Bezeichnung *„Puna"* eingebürgert hat. Vom wissenschaftlichen Standpunkt aus hat man weiter unterschieden zwischen einer feuchten Puna oder Graspuna, einer Trockenpuna, einer Dornpuna und einer Wüstenpuna, entsprechend der Abstufung der Savannengürtel des Tieflandes. In dem geschlossenen Gebirgsgürtel der Anden vom Karibischen Meer bis zur Puna de Atacama von Nordchile und Nordwestargentinien folgen diese Zonen gesetzmäßig aufeinander, wobei sich mit der zunehmenden Trockenheit auch die Tagesschwankungen der Temperatur verstärken. In der Trockenpuna Südboliviens und der Puna de Atacama sind bisher die überhaupt größten Tagesschwankungen der Temperatur mit über 50° C gemessen. Der Wechsel der Erscheinungen unter solchen ariden, tropischen Hochgebirgsbedingungen ist kaum vorstellbar. Nachts sinkt das Thermometer bis —20° C, und die Wasserrinnen und Quellen erstarren in Eis. Der folgende Tag bringt Mittagshitze von 20—30° C mit Fata Morgana, Luftwirbeln und Sandhosen in den Steppen und Salzwüsten zwischen 3500 und 5000 Meter.

In den randlichen Tropen, namentlich im trockenen Innern der Kontinente (Sudan, Kalahari, Nordaustralien, Dekanplateau Vorderindiens), kann auch die jahreszeitliche Wärmeschwankung schon Werte erreichen, die dem ozeanischen Westen Europas gleichkommt (im Mittel in

Timbuktu 13,6° C, in Nagpur 15,2° C). Bei den dortigen Sommerregenklimaten macht sich dann aber die Bewölkung und der Niederschlag auch im Jahresgang der Temperatur bemerkbar. Die Temperatur steigt im trockenen Frühjahr mit dem Wachsen des Sonnenstandes sehr schnell an und erreicht ihren Höhepunkt schon im April oder Mai. Die dann einsetzende Regenzeit läßt die Temperaturen der Tagesstunden wieder absinken. Man spricht dann vom indischen Typ des jährlichen Temperaturgangs und unterscheidet drei Jahreszeiten: die kühle trockene Winterzeit, die trockene und heiße Frühjahrszeit und die wieder etwas kühlere, aber feuchte und dadurch auch schwülere Sommerzeit. Wie das Beispiel von Poona in Indien (Abb. 7) zeigt, ist der Temperaturgang der Nacht ein ganz anderer als der der Mittagsstunden. Die tiefsten Nachttemperaturen entstehen im Winter durch den niedrigen Sonnenstand und die ungehinderte Ausstrahlung, die höchsten Nachttemperaturen in der sommerlichen Regenzeit durch die starke Behinderung der Ausstrahlung. Nicht nur Indien, sondern auch der afrikanische Sudan, Mexiko, die Philippinen und andere randtropische Länder folgen diesem Typus von drei durch Sonnenstand und Regenzeit bedingten Jahreszeiten. Wenn, wie in Poona die sommerliche Regenzeit schwach ausgebildet ist, kann im Herbst ein nochmaliger Anstieg der Mittagstemperaturen erfolgen.

6. Die Jahreszeiten in den wechselfeuchten außertropischen Klimaten

Während in den Tropen die Jahreszeiten einseitig hygrisch bestimmt und in den immerfeuchten Gebieten der außertropischen Breiten allein vom Temperaturgang abhängig sind, bleiben in den warmgemäßigten, kühlgemäßigten und polaren Gürteln noch weite *Gebiete, in denen die Schwankungen der Temperaturen und der Niederschläge einen komplizierten Ablauf des Naturgeschehens bedingen.* Es sind die ariden und wechselfeuchten Klimagebiete der außertropischen Breiten. Die winterkalten Steppen und Wüsten liegen vor allem in den Nordkontinenten, im Inneren Eurasiens und Nordamerikas in zwei Gürteln angeordnet, die einerseits vom unteren Donaugebiet durch Südrußland, das kaspische Gebiet und durch Westturkestan bis zu den zentralasiatischen Hochländern und zur Mongolei reichen, andererseits das große Becken, das Coloradoplateau und die Grassteppen der Plains in Nordamerika umfassen. Regenarm ist auch der größere Teil der Arktis, doch wirkt sich im Polargebiet bei der viel geringeren Verdunstung erst eine starke Niederschlagsarmut in der Landschaft aus. Die neueren Forschungen der Dänen haben auch noch in hochpolaren Breiten Grönlands Wüsten mit Salzböden, Wüstenkrusten und Flugsand festgestellt. In den kontinentalen Teilen der borealen Waldgürtel des nördlichen Eurasien, wo die Niederschläge periodisch zu werden beginnen (Ostsibirien), fällt die Zeit der Winterruhe mit der Trockenruhe zusammen. Die warmen Sommermonate empfangen den größten Teil des Niederschlags. Anders wird das Bild, wenn wir aus dem Waldgürtel südwärts in die Steppen Südrußlands und Zentralasiens gehen. Dann wird sowohl der Winter als auch der Spätsommer trocken, und die Hauptregenzeit liegt im Frühling und Frühsommer.

Zwischen dem Feuchtwaldgürtel Nordrußlands und den echten Wüsten Aralokaspiens folgen entsprechend der Abnahme der Niederschläge fünf Zonen des Klimas, der

Bodentypen und der Vegetation aufeinander: Die Wald-Wiesensteppe, die Grassteppe mit Schwarzerdeböden, die Halbstrauch- oder Wermutsteppe mit kastanienfarbigen Böden, die Wermut-Wüstensteppe mit grauen Wüsten- und Salzböden und schließlich die Vollwüste. Dieselben Gürtel durchwandern wir in Nordamerika von Ost nach West vom Mississippi über das Felsengebirge und das große Becken bis zur Mündung des Coloradoflusses.

Die jahreszeitlichen Gegensätze verschärfen sich mit dem Fortschreiten in die trockeneren Zonen. Den strengen Wintern mit ihren Schneestürmen (Burane, Blizzards) steht der dürre Hochsommer mit Staubstürmen gegenüber. Im Frühjahr und Frühsommer erfährt die Vegetation der Steppen die höchste Entfaltung, gelegentlich im Nachsommer ein nochmaliges schwächeres Aufleben. In diesen Steppen der gemäßigten Breiten sind also Trockenruhe und Kälteruhe jahreszeitlich scharf getrennt.

In den warmgemäßigten Breiten von etwa 40° Br. bis zum Rand der Tropen werden die Niederschläge ausgesprochen periodisch, während die Gegensätze der Temperaturen nachlassen. Daher werden die Jahreszeiten noch stärker vom Gang der Niederschläge beherrscht. An der Westseite der Kontinente, im ganzen Umkreis des Mittelmeeres, in Mittelkalifornien, in Mittelchile, in Kapland sowie in Südwest- und Südaustralien wechseln Winterregen und Sommerdürre. Man hat diese Klimate nach den trockenen Sommerwinden der Aegaeis „Etesienklimate" genannt. Umgekehrt sind in der gleichen Breite die Ostseiten der Kontinente von Klimaten mit Sommerregen und Wintertrockenheit eingenommen, vor allem in Asien mit seinen vom tropischen Indien bis Japan reichenden Monsunklimaten. Dazwischen verläuft von Nordafrika bis Zentralasien der Wüstengürtel, der also die subtropischen Winterregen- und Sommerregengebiete trennt.

In den *Sommerregengebieten* herrscht eine klare Periodizität des Wachstums, da jetzt die warme und die feuchte Jahreszeit zusammenfallen. Für die Abgrenzung der tropischen gegen die warmgemäßigte-subtropische Zone ist in Ostasien die wirksame Frostgrenze (mittleres Minimum +2° C) entscheidend. Der Anbau von Kokospalme, Kaffee, Ananas, Maniok und anderer Tropenpflanzen erleidet dort ein Ende. Die Grenze fällt auch ungefähr mit der Isotherme des kältesten Monats von 13° C zusammen. Südchina bis über den Sinkiangfluß und Formosa gehören damit noch zur Tropenzone. Bis zur Isotherme des kältesten Monats von +4° C reichen im sommerfeuchten Subtropenklima noch die Zitrusfrüchte, der Teestrauch und die nördlichsten Palmen. Mit der Temperatur des kältesten Monats von +2° C wird schließlich die Grenze der immergrünen, hartlaubigen und lorbeerblättrigen Bäume erreicht. Winterkahle Laubbäume neben Nadelbäumen treten an ihre Stelle. Dies ist in China nördlich des Yangtse der Fall. Es ergibt sich klar, daß es in Ostasien *die zunehmende Kälte der winterlichen Jahreszeit ist, die dem Naturgeschehen den Stempel aufdrückt*, ganz anders als im hohen Norden, wo gerade die sommerliche Wärme und die Dauer der warmen Jahreszeit entscheidend sind.

Wieder anders liegen die jahreszeitlichen Verhältnisse im *sommertrockenen Mediterrangebiet*. Der Winter bietet hinreichende Feuchtigkeit, ist aber für anspruchsvolle Gewächse zu kühl, der Sommer ist durch hohe Wärme ausgezeichnet, aber durch Dürre behindert. Entscheidende Veränderungen spielen sich auch von Norden nach Süden ab. Die absolute Frostgrenze wird auf dem europäischen

Festlande nur an der Südküste Spaniens erreicht, und auf der afrikanischen Gegenküste ist nur der unmittelbare Küstenbereich von Libyen und Ägypten frostfrei. Die frostempfindlichen Kulturen der immergrünen Zitrusarten, des Ölbaums und die immergrünen Macchien treffen wir erst in der eigentlichen Mediterranregion Mittelitaliens und der dalmatinischen Küste (mit einer mittleren Januartemperatur von über 4° C) an, nicht in der winterlichen Poebene. Auch die Sommertrockenheit stellt sich südwärts erst schrittweise ein. Die Zahl der Trockenmonate mit Niederschlägen von über 20 mm beträgt in Tripolis 6—7, in Malta 4—5, auf Sizilien 3—4, in Rom nur 1. Oberitalien hat Niederschläge zu allen Jahreszeiten und dementsprechend noch laubwerfende Wälder von „submediterranen" Holzarten (Edelkastanie, Flaumeiche, Blumenesche, Hopfenbuche, franz. Ahorn etc.) und auch Kulturen von laubwerfenden Holzarten (Maulbeerbaum, Pfirsich, Mandel, Feige, Weinrebe).

Zwischen das feuchte Mediterrangebiet und den saharisch-vorderasiatischen Wüstengürtel schaltet sich der *mediterran-vorderasiatische Steppengürtel* ein, der sich durch seine Sommerdürre scharf von den sommerfeuchten Grasländern auf der tropischen Seite des Wüstengürtels, durch die geringe Winterkälte aber auch von den kontinentalen Steppen Zentralasiens und Nordamerikas unterscheidet. Die milden Winter gestatten bereits Verwandtschaften und Lebensformen der Tropen das Fortkommen (dornige Bäume verschiedener Akazienarten, Christusdorn, Argania; stammsukkulente Euphorbien) neben Halbsträuchern (Artemisia herba alba), Steppengräsern (Halfa-Steppe) und dornigen Kugelsträuchern (Caragana, Astragalus, Acantholimon), die ein Ausdruck des dürren Sommers und des kühlen Winters sind. Die künstliche Bewässerung gewinnt nach Süden zunehmend an Bedeutung bis zur reinen Oasenkultur der Wüste.

Auf der *südlichen Halbkugel* fehlen nicht nur die winterkalten Nadelwaldklimate, sondern auch die winterkalten Steppen. Im außertropischen Südamerika, Südafrika und Australien verlaufen die Trockengürtel von Nordwesten nach Südosten quer durch die Erdteile und trennen die winterfeuchten Steppen und Etesienklimate im Südwesten (Mittelchile, Kapland, Südwestaustralien) von den sommerfeuchten Grasländern im Osten. In der *Südafrikanischen Union* kommt dies in einem klaren Gegensatz der landwirtschaftlichen Jahreszeiten zum Ausdruck. Im winterfeuchten Kapland gedeiht der Winterweizen auf Regen und reifen Weintrauben und Falllaubobst im trockenen Sommer. Für den Maisbau ist die winterliche Regenzeit zu kühl. Er gedeiht im Sommer, aber nur, wo man ihn künstlich bewässert. Umgekehrt bieten die Burenhochländer und Natal im feuchten warmen Sommer dem Mais natürliche Wachstumsmöglichkeiten, das frostfreie Küstenland von Natal auch dem Zuckerrohr, dem Tee und tropischen Früchten (Bananen, Ananas, Mango etc.). Weizen kann dort nur im Winter, dann aber nur mit künstlicher Bewässerung, angebaut werden.

In den winterfeuchten Gebieten *Mittelchiles* bereiten für die Landwirtschaft sowohl die Sommer wegen ihrer Trockenheit als auch die Winter durch die niedrigen Temperaturen Schwierigkeiten. Die Winter sind zwar im ganzen viel milder als in Mitteleuropa, aber sie sind durch sehr häufige Nachtfröste ausgezeichnet, die zur Bildung von Kammeis in den obersten Bodenschichten führen, das die Ursache des Auswinterns des Getreides darstellt. Der Frühling ist eine biologische Gunstzeit, da er noch genügend Niederschläge, aber keine Fröste mehr hat, in zweiter Linie auch Spätsommer und Herbst, da dann schon wieder Regen fallen und noch keine Fröste auftreten.

Die *Grasländer der Südhalbkugel* (Pampa Argentiniens, Uruguays und Brasiliens, Patagonien, Südafrika, Australien, Neuseeland) sind zu Viehzuchtländern geworden und versorgen den Weltmarkt mit Wolle, Häuten, Fleisch und Molkereierzeugnissen. Sie haben den großen Vorzug vor der Nordhalbkugel, daß sie ganzjährigen Weidegang ohne Stallhaltung ermöglichen, da harte, schneereiche Winter fehlen und die abgetrockneten Gräser und Stauden, zum Teil auch das Laub und die Früchte von Bäumen und Sträuchern in der ungünstigen Jahreszeit Futter bieten. In die bis ins letzte Jahrhundert menschenleeren oder — wie in Südafrika — nur dünn besiedelten Räume drang im Zeitalter der Dampfschifffahrt der europäische Siedler ein und konnte eine extensive Weidewirtschaft und zum Teil Getreidewirtschaft für den fernen europäischen Markt entwickeln.

Den Einfluß der Jahreszeiten zeigt am besten ein Westostprofil durch die argentinische Pampa. Die östliche Pampa an der La Plata-Mündung ist hinreichend feucht und erhält Niederschläge in allen Monaten des Jahres. Dort kann die Rindvieh- und Schafzucht mit hochwertigen Fleischrassen auf der Grundlage der natürlichen Weide rasenwüchsiger Gräser (Pasto tierno) betrieben werden. Am Westrand der Pampa herrscht bereits eine ausgesprochene Trockenheit. Von den 550—700 mm Niederschlag fallen nur 15% im Winterhalbjahr. Dort wäre das Vieh natürlicherweise auf das harte Pampagras (Pasto duro) angewiesen, weshalb man durch Anlage künstlicher Luzerneweiden im Wechsel mit Weizenbau wertvolle Futterflächen für die hochwertigen Viehrassen schaffen mußte. Weiter westlich im Dorn- und Kakteenbusch der sogenannten Monteformation wird die Grenze des Regenfeldbaues und der unbewässerten Luzerneweiden erreicht. Dieses Land ist dem anspruchslosen Criollo-Vieh und den Ziegen überlassen, der Feldbau ist auf die Bewässerungsoasen beschränkt, die sich am Fuß der Kordilleren und der Pampinen Sierren aufreihen.

7. Die Karte der Jahreszeitenklimate

Eine Rückschau auf unsere Betrachtung soll auch gleichzeitig als Erläuterung für die Karte der Jahreszeitentypen dienen. Die Typen ergeben sich aus dem Zusammenwirken von drei die Jahreszeiten beherrschenden Klimaelementen: der nach Breitengürteln wechselnden Bestrahlungsverhältnisse, der jährlichen Schwankungen der Temperatur und der jahreszeitlichen Verteilung der Niederschläge.

In den höheren polaren Breiten, wo die tageszeitlichen Temperaturunterschiede ganz verschwinden, beherrscht der Gegensatz von Polarnacht und Polartag mit seinen großen jahreszeitlichen Temperaturunterschieden das Naturgeschehen, wobei sich die Zeit der stärksten Abkühlung gegen die Pole auf den Spätwinter verschiebt. Die ganze Antarktis (mit Ausnahme des nördlichen Teiles des Grahamlandes) und das Innere von Grönland sind von Inlandeis eingenommen (I, 1). Solange auch die Sommerwärme niedrig bleibt (wärmster Monat $< 6°$ C) ist keine geschlossene Vegetation möglich und die mechanische Frostsprengung und die Kryoturbation erzeugen polare Frostschuttböden (I, 2). Eine geschlossene Pflanzendecke (Tundra) kann sich erst dort einstellen, wo eine frostfreie sommerliche Jahreszeit vorhanden ist (I, 3 nur im Nordpolargebiet). Dort gibt es eine kurze Zeit der sommerlichen Blüte und Fruchtbildung und eine reiche Entfaltung auch des festländischen Tierlebens (Mückenschwärme, Lemminge, Rentiere, Vögel) und einen sehr langen, im Frost erstarrten Winter. Große Trockenheit des Klimas ändert an diesem Jahreszeitengang nichts, da die kalte Zeit auch gleichzeitig die trockene ist. In den hochozeanischen Subpolargebieten (subantarktische Inseln, Südisland, Aleuten) mit mäßig kalten Wintern und kühlen Sommern ist die Tundra von Gras-, Moor- und Spalierstrauch-Formationen ersetzt (I, 4).

Wie die Tundrenklimate, so sind auch die winterkalten borealen Klimate (II) ganz auf die Landmassen der Nordhalbkugel beschränkt. Hier gedeihen Nadelwälder, begleitet von sehr winterharten Laubbäumen der Gattungen Salix, Alnus, Betula und Populus. Sie nehmen breite Gürtel quer durch die beiden Nordkontinente ein. Voraussetzung gegenüber der Tundra ist eine sommerliche Erwärmung (wärmster Monat mindestens $+ 10°$ C), die das Gedeihen von Nadelbäumen gestattet. In Ostsibirien, östlich von Jenissei, und im nordwestlichen Kanada wird die Kontinentalität so extrem, gleichzeitig die Niederschlagsarmut im eisigen Winter so groß, daß der Boden in größerer Tiefe zu ewiger Gefrornis erstarrt (II, 3). Die Sommer sind aber dafür so warm, daß ein sehr tiefer Auftauboden entsteht, der noch Waldwuchs ermöglicht und in den zahlreichen Tümpeln über dem Eisboden Schwärme von Mücken brüten läßt, die im Sommer die Wälder bevölkern. Auch im ozeanischen Bereich der borealen Zone, in Nordnorwegen und in Südalaska (II, 1) bleibt die Vegetationsdauer so kurz, daß Nadelwälder die Vegetation bestimmen.

Auch in den kühlgemäßigten Zonen (III) herrschen die Temperaturjahreszeiten allein, solange wir uns in den ständig beregneten Waldgebieten befinden. Die Ozeanität und Kontinentalität des Klimas, die sich in der Jahresschwankung der Temperatur und in der Länge der Vegetationsperiode äußert, zeigt alle Übergänge vom hochozeanischen Typ (III, 1) Südchiles, Neuseelands und West-Tasmaniens mit immergrünen Wäldern und Jahresschwankungen der Temperatur von $< 10°$ C über das ozeanische Klima Westeuropas (III, 2), des subozeanischen Mitteleuropa, der mittleren Appalachenstaaten und Südaustraliens (III, 3) und des St. Lorenz- und Große-Seen-Gebietes (III, 4). Die Jahresschwankung der Temperatur steigt dabei bis 30° C an, die Vegetation ist von Fallaub- und Mischwäldern gebildet. An der Ostseite Eurasiens (Japan, Korea, Mandschurei und Nordchina) und im Innern Nordamerikas (III, 5, 6, 7, 8) haben entsprechende Fallaub-Gebiete besonders heiße Sommer (wärmster Monat 20° bis 26° C) und daher auch sehr hohe Jahresschwankungen der Temperatur (bis über 40° C).

Im winterkalten und sommerheißen Innern der Nordkontinente gehen die verschiedenen Waldgürtel durch die Abnahme der Niederschläge besonders im Sommer in die Steppen und schließlich Wüsten über. Im Grassteppengürtel vom Schwarzen Meer bis Sibirien und im Prärie- und Shortgrassland des inneren Nordamerika tritt zu der Winterkälte, die eine absolute Vegetationsruhe erzwingt, eine Dürre des Spätsommers, die eine zweite Mangelzeit hervorruft, so daß das Leben sich vor allem im Frühling und Frühsommer entfaltet (III, 9—10). Im Monsunbereich der Mandschurei und Nordchinas sind diese winterkalten Steppen aber sommerfeucht, haben also einen klaren einphasigen Rhythmus. Die winterkalten

Wüsten- und Halbwüsten-Klimate des zentralen Eurasien und Nordamerikas (Großes Becken) sind das Reich der Wermut-(Artemisia) Halbstrauchvegetation (III, 12).

Auf der südlichen Halbkugel sind auch die Steppen und Halbwüsten der kühlgemäßigten Zone (Patagonien, Otagodistrikt Neuseelands) in ihren Temperaturverhältnissen ozeanisch getönt und daher als ausgesprochen wintermild zu bezeichnen (III, 9a, 10a, 12a). Die Mitteltemperaturen auch des kältesten Monats bleiben über dem Gefrierpunkt, längere Schneedecken kommen nicht vor, und die Weide kann ganzjährig betrieben werden.

In den warmgemäßigten Breiten gliedern sich die Jahreszeitentypen ziemlich klar in sommertrockene, sommerfeuchte und ständig feuchte. Die sommertrockenen sind die mediterranen Klimate der Westseiten der Kontinente mit ihren kühlen Wintern und dürren Sommern (IV, 1). Die laubwerfenden Holzarten sind dort mit ihrer Vegetationsperiode noch ganz auf die warme Jahreszeit eingestellt. Auch die zahlreicheren immergrünen Bäume und Sträucher blühen im Frühjahr, Sommer oder Herbst, können aber im Winter fruchten. Die außertropischen, einjährigen Kulturpflanzen gedeihen als Winterkulturen und fruchten im Frühjahr oder im zeitigen Sommer. Nach Norden geht das sommertrockene Mediterranklima über das immerfeuchte, aber noch sommerwarme Submediterrangebiet in die kühlgemäßigten Klimate über, nach Süden und gegen die Kontinente in die sommerdürren Steppen Nordafrikas und des Orients (IV, 2). Auch in Südafrika, Südaustralien, Californien und Chile schließen sich äquatorwärts an die Etesienklimate im Übergang zu den warmgemäßigten Wüsten sommerdürre Gras- und Strauchsteppen an. Bei den warmgemäßigten Steppenklimaten der Ostseiten (III, 3 und 4; Texas-Arizona, Argentinien, Südafrika, Ostaustralien) ist der Jahreszeitenrhythmus einfacher, da die warme Jahreszeit auch die feuchte und die Wachstumszeit ist. Der kurz sommerfeuchte Typ ist von Dornsträuchern und sukkulenten Gewächsen (Monte, Espinal, Karroo etc.) beherrscht und kann äquatorwärts in die entsprechend trockenen tropischen Dorn-Sukkulenten-Savannen übergehen.

Die immerfeuchten Klimate der warmgemäßigten Zonen (IV, 7) in Südjapan, Mittelchina, in den atlantischen Südstaaten, in Südbrasilien, Natal und Ostaustralien erfreuen sich hoher Sommerwärme bei ausreichenden Regen. Die Kälte des Winters bestimmt daher das Naturgeschehen. Nordchina und Nordjapan (III, 7 und 8) haben noch kalte Winter (Januar-Mitteltemperatur unter 2° C), Nordchina außerdem noch Wintertrockenheit. Südjapan und Mittelchina haben ganz milde Winter und heiße, regenreiche Sommer. Bis zur Januarisotherme von 4° C können Tee, Zitrusfrüchte und einzelne Palmen gedeihen. Südchina und Formosa schließlich, wo die Temperatur des kältesten Monats über 13° C bleibt, haben bereits tropischen Charakter und dementsprechend frostempfindliche Kulturpflanzen.

In den Tropen werden die Jahresunterschiede der Temperatur allgemein so gering, daß die Niederschläge die Jahreszeiten zu beherrschen beginnen. Nur im trockenen Innern der Kontinente am Rand der Tropen gibt es noch Jahresschwankungen der Temperatur beträchtlich über 10° C. Aber auch dann fallen die höchsten Temperaturen nicht mehr in den Sommer, sondern in die Frühjahrsmonate vor Einsetzen der sommerlichen Regen, die die Tagestemperaturen herabdrücken (3 Jahreszeiten des „Indischen Typus"). Im übrigen gliedern sich in den Tropen im Tiefland wie in den Gebirgen die Jahreszeiten nach der Niederschlagshöhe und besonders nach der Dauer der humiden und ariden Jahreszeiten. Zwischen dem immerfeuchten Klima der Regenwälder (V, 1) und dem immertrockenen der tropischen Wüsten und Halbwüsten (V, 5) schalten sich die drei periodisch feuchten Tropengürtel ein, der humide Feuchtsavannengürtel mit 5—7^1/$_2$ Monaten Trockenzeit (V, 2), der an der Grenze von humid und arid gelegene Trockensavannengürtel mit 5—7^1/$_2$ Monaten Trockenzeit (V, 3) und der Dornsavannengürtel mit 7^1/$_2$—10 ariden Monaten. Wenn die Zeit des Sonnentiefstandes durch passatische Steigungsregen ebenfalls feucht und regenreich wird, kommen Klimate mit Regen zu allen Jahreszeiten zustande, wobei aber die sommerliche Zeit der zenitalen Regen die schöne, die winterliche der Steigungsregen die feuchtere und unangenehmere Jahreszeit werden kann. Solche Zonen finden sich an den den östlichen Passatwinden zugekehrten Gebirgshängen aller Tropenkontinente.

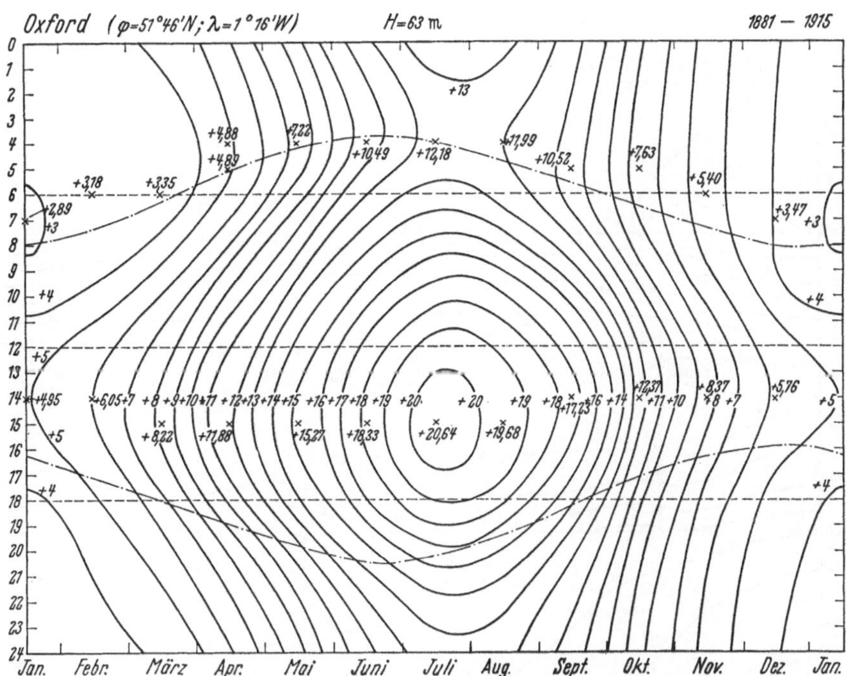

Abb. 1. Thermoisoplethen-Diagramm einer ozeanischen Station der kühlgemäßigten Klimazone. Jahreszeitliche und tageszeitliche Temperaturänderungen in Oxford. (Die Strich-Punkt-Linie gibt die Ortszeit des Sonnenauf- und -unterganges an.)

Fig. 1. Thermo-isopleth diagram of an oceanic station of the cool-temperate zone showing the seasonal and diurnal temperature changes in Oxford. (The pecked line indicates the local time of sunrise and sunset.)

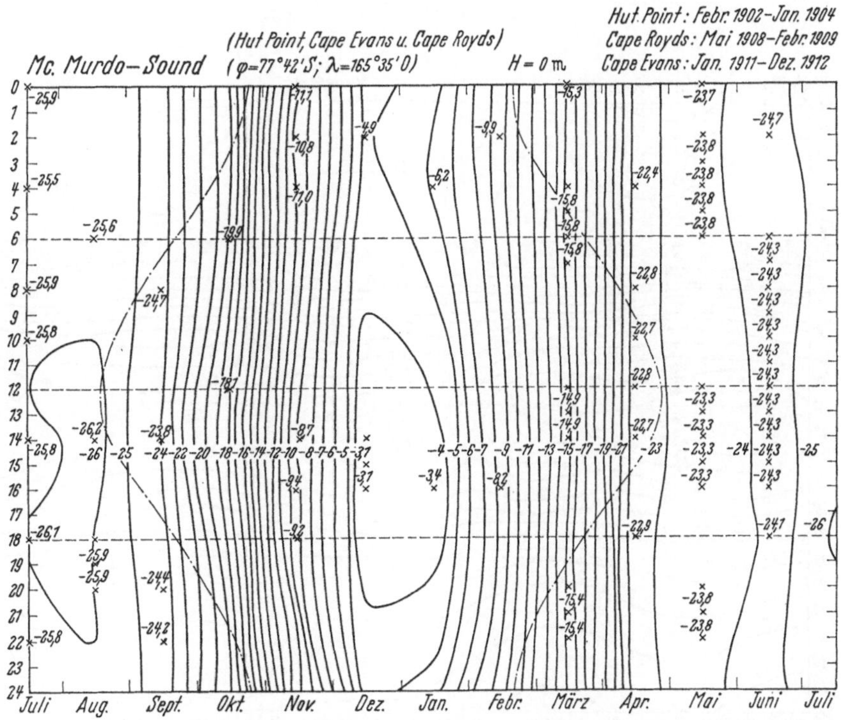

Abb. 2. Thermoisoplethen-Diagramm einer Station des antarktischen Küstenklimas (McMurdo Sound am Ufer des Roßmeeres). (Der Zwischenraum zwischen den strich-punktierten Linien gibt die Länge von Polartag und Polarnacht an.)

Fig. 2. Thermo-isopleth diagram of a station in the antarctic coastal climate (McMurdo Sound on the shore of the Ross Sea). (The area between the dotted lines indicates the length of the polar day and night.)

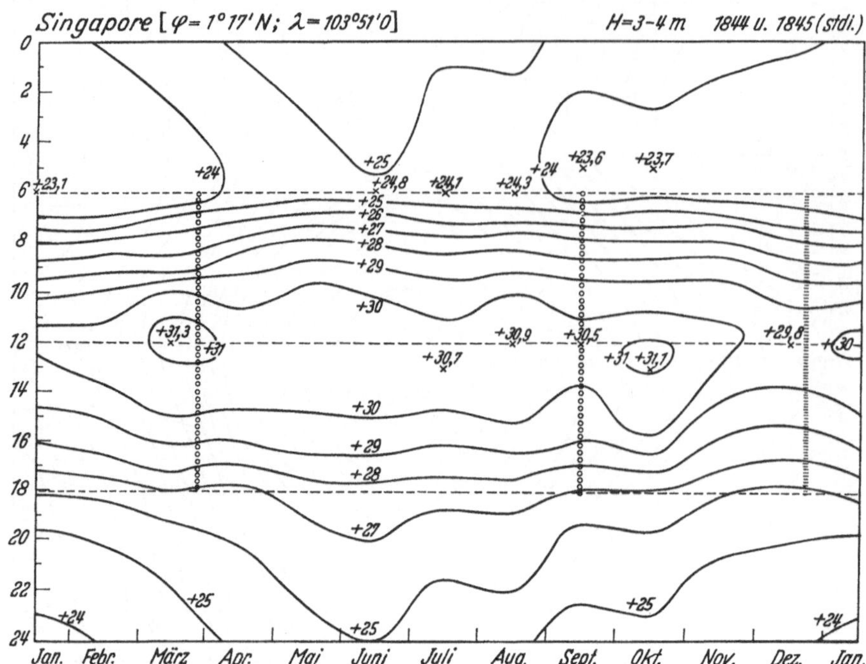

Abb. 3. Thermoisoplethen-Diagramm von Singapore. Äquatorialer Typus. (Die senkrechten Punkt-
und Strichlinien bezeichnen die zenitalen und tiefsten Sonnenstände.)

Fig. 3. Thermo-isopleth diagram of Singapore. Equatorial type. (The vertical dotted and dashed
lines indicate the zenithal and lowest stands of the sun.)

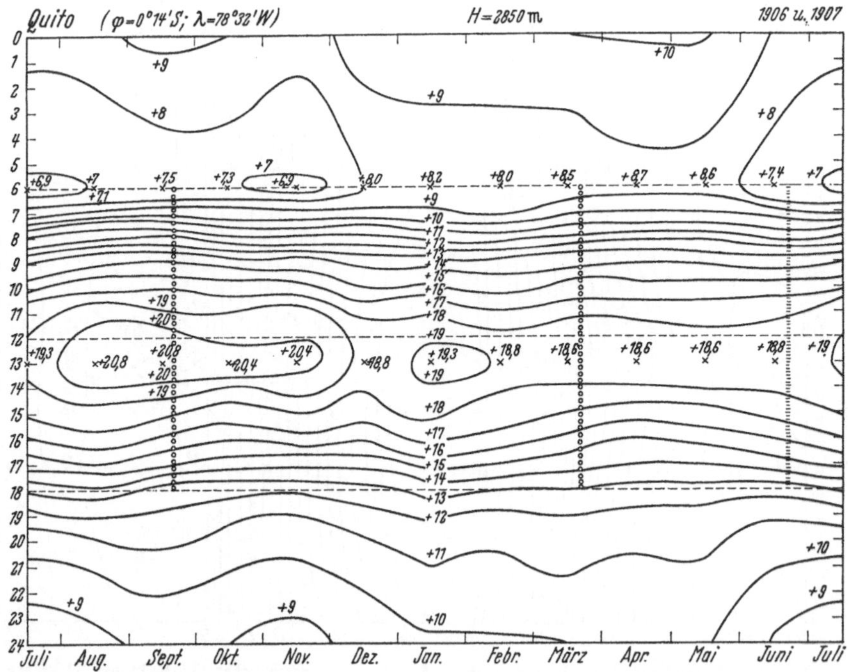

Abb. 4. Thermoisoplethen-Diagramm der äquatorialen Hochlandstation Quito. (Die senkrechten
Punkt- und Strich-Linien bezeichnen die zenithalen und tiefsten Sonnenstände.)

Fig. 4. Thermo-isopleth diagram of Quito, an equatorial highland station. (The vertical dotted and
dashed lines indicate the zenithal and lowest stands of the sun.)

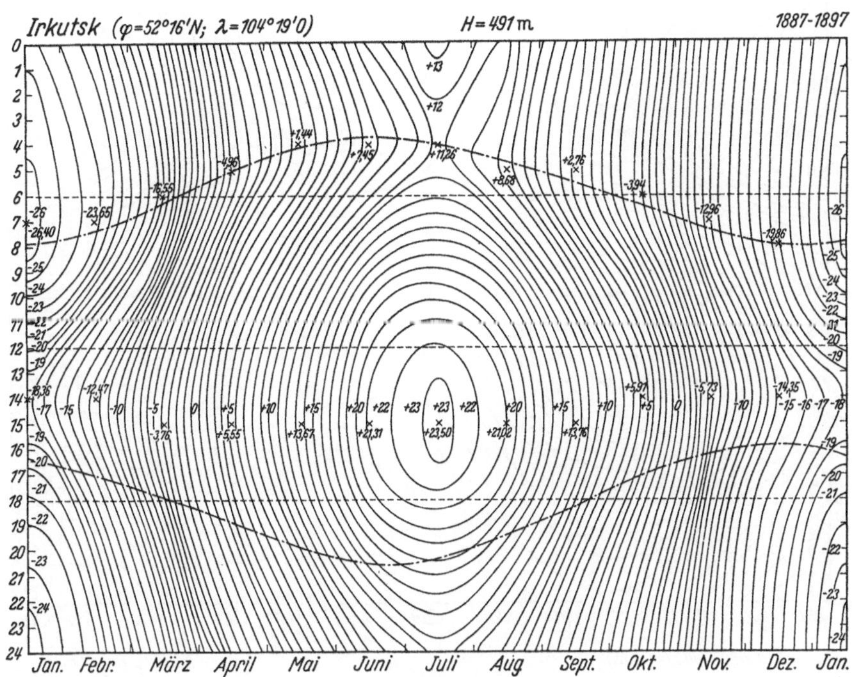

Abb. 5. Thermoisoplethen-Diagramm von Irkutsk (Ostsibirien). Hochkontinentaler Typ der kaltgemäßigten Klimazone

Fig. 5. Thermo-isopleth diagram of Irkutsk (Eastern Siberia); a strongly continental type of the
cold-temperate zone

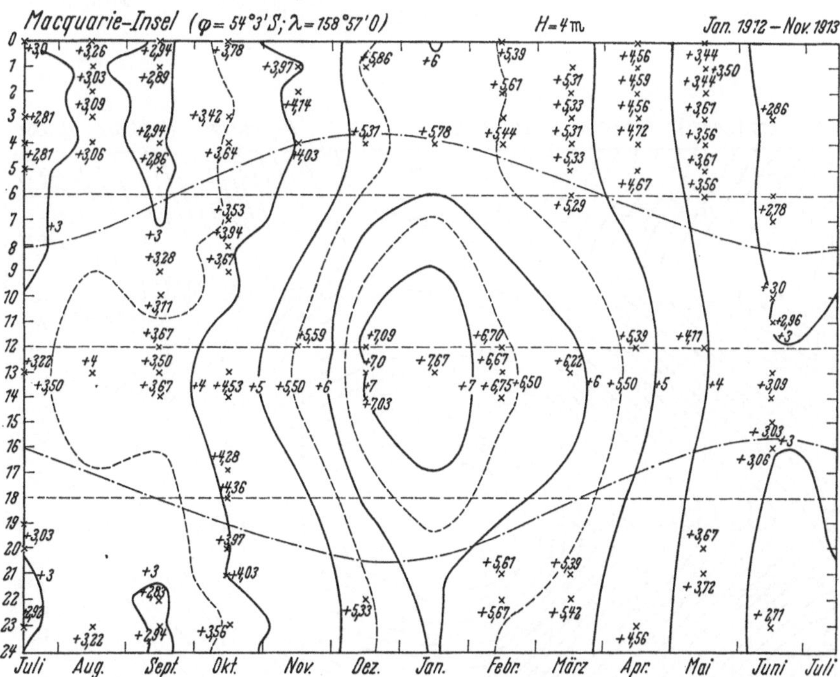

Abb. 6. Thermoisoplethen-Diagramm der Macquarie-Inseln, hochozeanisch-subantarktischer Klimatyp.
Die Station hat das ausgeglichenste Klima der Welt, mit ganz geringen Jahreszeiten- und Tages-
zeitenunterschieden der Temperatur

Fig. 6. Thermo-isopleth diagram of the Macquarie Islands; strongly oceanic-subantarctic type.
This station enjoys the most balanced climate of the world with small annual and diurnal
amplitudes of temperature

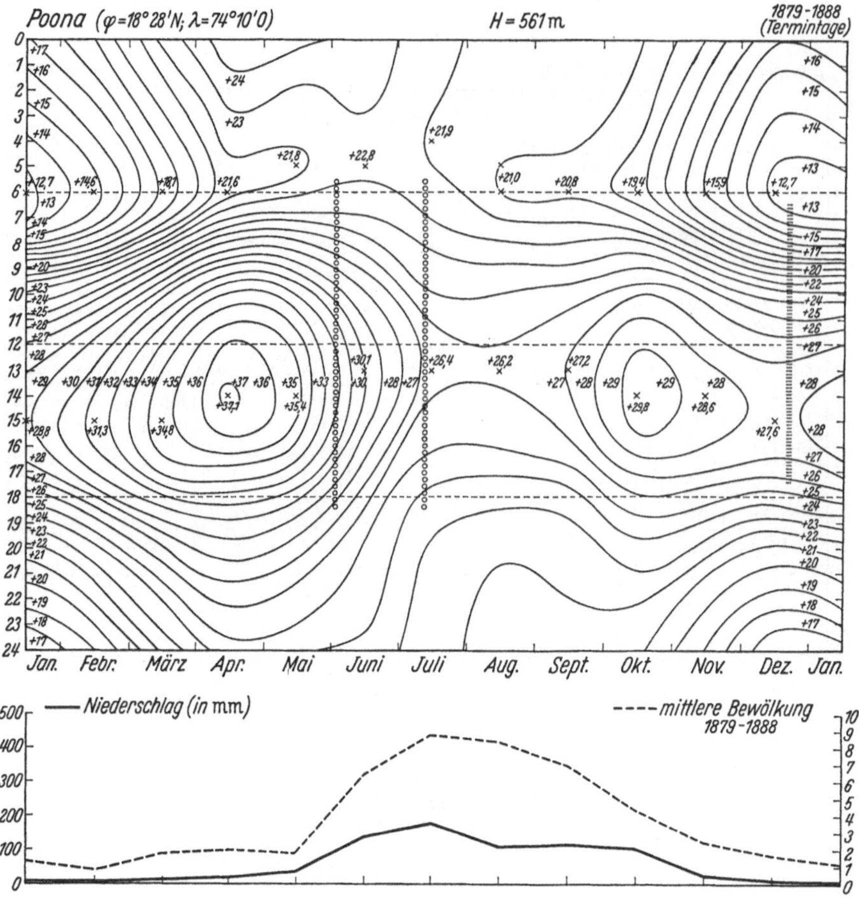

Abb. 7. Thermoisoplethen-Diagramm für Poona (Indien). „Indischer Typus" des jahreszeitlichen Wärmeganges mit Wiederanstieg der Tagestemperaturen nach den sommerlichen Monsunregen. (Jahreszeitliche Verteilung der Niederschläge.)

Fig. 7. Thermo-isopleth diagram of Poona, India. Indian thermal type with renewed rise of diurnal temperature after the summer monsoon rain. (Annual distribution of precipitation beneath.)

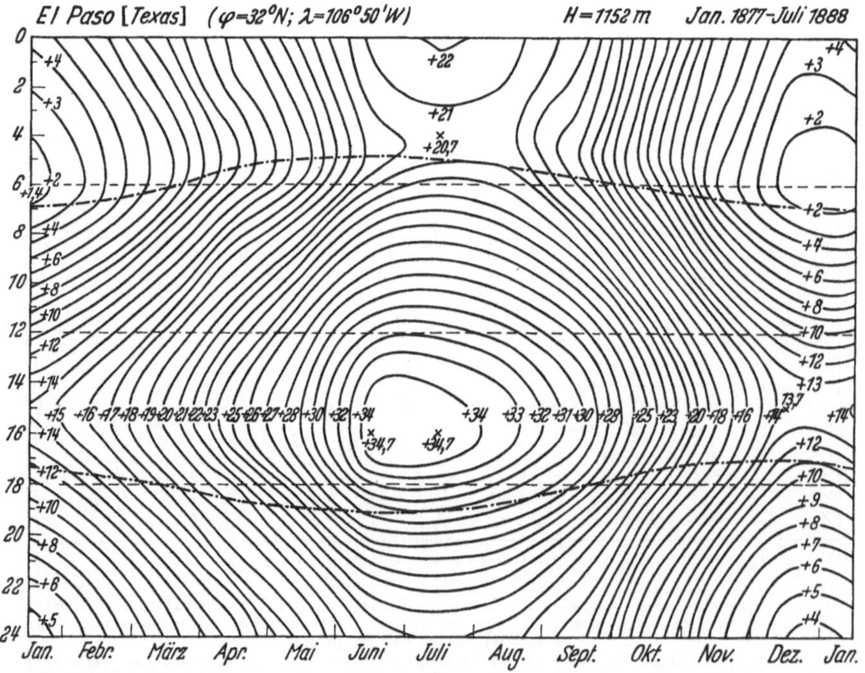

Abb. 8. Thermoisoplethen-Diagramm von El Paso (Texas). Subtropischer Typus des Wärmeganges

Fig. 8. Thermo-isopleth diagram of El Paso (Texas). A sub-tropical type of thermal course

Seasonal Climates of the Earth

The seasonal course of natural phenomena in the different climatic zones of the earth

By

Professor Dr. phil. Dr. sc. h.c. Dr. h. c. C. TROLL
Director of the Institute of Geography
of the University of Bonn

With 8 Diagrams

The life of plants, animals and humans and also the carriers or transmitters of epidemic diseases on earth, is subject to a rhythm of climatic phenomena which overlap at many points, which change from one latitude to the next, from one climatic belt to another and with changes in height above sea-level. The diurnal rhythm caused by the earth's rotation is in contrast to the seasonal rhythm conditioned by the movement of the earth around the sun. The sequence of insolation, temperature and precipitation is a rhythmical one as is also frequently true of atmospheric humidity and fog formation. Changes in the sequence of thermal seasons and daylight, to which the central and west European is accustomed by the mutation of summer and winter with long intermediate transitional periods and differences in the length of days in these seasons, are a special bounty of these latitudes just like their relatively equal distribution of precipitation.

1. The significance of the sequence of seasonal and diurnal temperatures

The zone between the tropics, which is collectively referred to as the Tropenzone in the German language and is sub-divided into the equatorial plus two tropical zones in the French, ought not to be called the hot but preferably the winterless zone, i.e. the zone without thermal seasons. Indeed, the highest temperatures do not occur in the tropics at all and there are, moreover, vast cold regions, some covered by eternal ice, in the tropical mountains and highlands which equally form part of the tropics and might be referred to as „cold tropics". The tropics, however, lack the contrast of a warm and cold season but the differences in temperature between day and night, caused by intense daytime radiation, are much more marked. At the equator there is a perfect diurnal climate which differs by less than 2° C through the months. The differences in the length of daytime also disappear completely at the equator since it is the equinoctial line where year in year out both day and night have twelve hours.

On the other hand, variation in thermal daytimes ceases to exist in the area of the polar caps on the other side of the arctic circles because polar day and polar night replace day and night which increase progressively towards the poles until a half yearly 'day' and half-yearly 'night' are established over the actual poles and the differences within the 24 hour temperature rhythm have disappeared completely. The climate at the poles is, therefore, a perfect seasonal climate. In the vicinity of the poles radiation during the polar night makes the coldest part of the year shift to the late winter — which means February and March in the Arctic and August and September in the Antarctic.

The tropic and arctic circles, situated at about $23^1/_2°$ and $66^1/_2°$ of latitude respectively, result from the position of the axis of the globe to the ecliptic. The earth's axis declines towards the ecliptic at an angle of $66^1/_2°$, or, in other words, the equatorial plane forms an angle of $23^1/_2°$ (declination of the ecliptic) with the plane of the ecliptic which has changed slightly in the course of centuries. This angle is the hypothesis for the entire diurnal and seasonal variations of phenomena in the different latitudes of the earth. Insolation conditions which are based on astronomical causes can only explain the differences of seasons according to the mathematical latitudes of the earth. In order to complete the picture of the distribution of seasons a great number of tellurial conditions which help to determine the climatic phenomena on earth are added. Above all this is determined by the distribution of land and sea which decisively influences the seasonal course of temperatures in the intermediate belts of the earth, a fact which climatologists express by the terms oceanity and continentality. A further fundamental tellurial condition is the distribution of altitudes on the earth's surface. Temperatures decrease fairly regularly with height above sea-level which in zones with thermal seasons means a shortening of the warm season and of the vegetation period, a prolongation of winter, without however, an appreciable change in the periods of daylight. The zonal, regional and altitudinal distribution of temperature and its annual range also lead to great differences of barometric pressure, which in turn affect the circulation of the atmosphere. Winds direct the distribution of precipitation; over a great part of the earth hygric or precipitation seasons are just as important as the insolation and temperature seasons elsewhere; in areas where thermic seasons are little marked or altogether lacking, they provide the seasonal determinant for natural phenomena. *Insolation, thermic and hygric seasons produce three different areal classifications on the surface of the earth,* which are interwoven into a complex pattern of seasonally varying climates. A special case of moisture seasons occurs in areas where variations of humidity and evaporation replace those of rainfall.

2. Seasonal and diurnal temperature climates

A complete survey of the thermal relationships of a certain station can be gained by a presentation in so called thermoisoplethic diagrams, which simultaneously show the changes of temperature in their seasonal and diurnal modification (see Fig. 1). A pattern which shows all alterations of the mean temperatures will be produced by entering the hourly mean temperature through 24 hours of one day for all 12 months in a co-ordinate system and by connecting the points of equal temperature by isolines. The diagram so formed resembles a contour map with cold valleys and peaks and ridges of warmth. The extension of isolines in the direction of the abcissa indicates how small the seasonal fluctuations are, the extension in the direction of the ordinate the same regarding the missing diurnal fluctuations. The density of the isopleths in one section of the diagram in the direction of the x and y axis shows, corresponding to the density of contour lines on a map, the gradients of seasonal or, as the case may be, of diurnal changes. At the first glance polar and equatorial climates will appear in complete contrast to one another. In the diagram of the McMurdo Sound on the fringe of the Ross Sea in the antarctic at a latitude of 77° 42′ S. nearly all the isopleths (see Fig. 2) run in a vertical direction — a proof that the diurnal temperature range is negligible (0.6° C in July, 1.8° C in December), the annual range however, quite considerable, amounting to 22° C in the monthly means. In the horizontal direction four thermal seasons of the polar coastal climate are evident: the „anucleate" winter from May to September, a rapid rise of temperature of the polar spring from September till December, the uniformly warm summer during December and January, and the rapid decrease of temperatures in the autumn months February to April. This climate could be classified as a proper *seasonal temperature climate*.

The equatorial stations of Singapore (see Fig. 3) and Quito (see Fig. 4) illustrate the reverse case. The mainly horizontal course of the isopleths indicates the insignificance of the annual range of temperatures. On the other hand, the direction of the ordinates shows a considerable diurnal range. The nocturnal radiation, which leads to a slow decrease of temperature until sunrise, which invariably takes place at six o'clock in the morning, followed by a rapid rise of temperature in the forenoon and the somewhat slower fall of temperatures in the afternoon until sunset, are especially clearly to be seen in the highland station of Quito (2850 m). Thermally speaking this is a proper *diurnal temperature climate*. The wider diurnal fluctuations in Quito are partly the result of the stronger solar radiation at this altitude, partly of the sheltered position of the basin.

In the *middle latitudes* diurnal and seasonal temperature climates show noticeable fluctuations in both directions. Thus with the chosen scale circular figures are formed with a „warm peak" in the early afternoon of the warmest month and a "cold valley" in the coldest month just before sunrise (see Fig. 1). The changing length of day is visible in the shift of the temperature minimum in the morning from winter to summer. The small number of curves indicates the oceanic climate of the British Isles, which affects the annual and diurnal range. But here, outside the tropics, the annual range is already much greater than the diurnal one. This diagram very clearly presents the moderate temperature amplitudes in the middle latitudes, which suit the balanced rhythm of human energies so very well. The highly continental climate of Irkutsk (see Fig. 5) shows a much greater annual and diurnal temperature fluctuation, but a similar relation of both in spite of a similar latitude; it therefore gives a greater density of isopleths whilst preserving the general configuration. As can be expected

the curvature of the diagram changes towards that of a horizontal oval from the south to a vertically inclined oval towards the north. A particular advantage of this diagrammatic presentation is that the similarity of temperature types is independent of the absolute temperature and can be immediately recognised as such.

3. The sequence of thermal seasons as modified by the distribution of land and sea

The greatest modification of the latitudinal zonation of thermal seasons in temperate latitudes is due to the distribution of oceans and continents. Since water, particularly the salt water of the open seas, has a great heat capacity, transparency, reflexivity and above all, the possibility of convective exchange between cold surface and warmer, deeper ocean water cools off far less than the continents in winter and warms up less in summer, it decreases the annual fluctuation of temperatures of the lower layers of the atmosphere considerably. This oceanic climate is carried over by the dominant westerlies to a diminishing degree on to the continents of westerly exposure in middle latitudes, especially so in Europe, where the passage of marine air masses originating over the North Atlantic Drift is little impeded by mountain barriers. Continentality increases gradually eastwards from Europe to N. E. Asia, until in N. E. Siberia the most continental climate of the globe is reached, while in North America the north-south course of the Cordilleras leads to a rapid transition from oceanic to a continental climate. *The degree of oceanity and continentality* is expressed in the annual fluctuation of temperature which amounts to only 7.6° C (annual mean temperature 6.5° C) in Thornshaven on the Faroes, but to some 66° C (mean temperature 16.3° C) in Verkhoyansk in N. E. Siberia.

On the S. W. coast of Ireland the atlantic warm water heating modifies winters (mean annual winters 1.7° C) so that semi-natural evergreen forests like holly (Ilex aquifolium), the strawberry tree (Arbutus Unedo), laurel (Prunus laurocerasus) and rhododendron (R. ponticum) can thrive; Arbutus and ivy flower in autumn, their fruit ripen in winter. Foreign species such as Yucca gloriosa, Araucaria imbricata, magnolias, myrtel, Chinese camelias, Japanese bamboo and large fig trees give the impression of a sub-tropical cultural landscape. Cool summers on the other hand do not allow apricots, almonds and vine to ripen their fruit; even cherries seem to find it difficult. Other peculiarities of this marine climate are long transitional seasons, a cool spring and a long warm autumn.

What a contrast however, in northern Siberia, the most continental area of the world! There the mean January temperatures fall below —50° C, the lowest known temperatures are close to —70° C. On the other hand, July temperatures rise to 15.4° C, similar to those of western England. The absolute extremes fluctuate between —67.8° C and 33.7° C, which means a range of more than 100° C. The lower layers of the soil are permanently frozen (permafrost), although a few metres of upper surface thaw out during summer, permitting forests of Larix dahurica and several other deciduous trees such as birch, alder, poplar and willow to grow. In certain places soil-ice, formed by water from the depths, grows into huge swells (naledi). Even trees can be so much affected by the cold that they crack up with tremendous noise. The first rain falls at the end of

May or the beginning of June, and only then the river ice begins to melt. Temperatures increase rapidly in June, but at times night frosts still occur. In July the woods swarm with midges, which make life unbearable for animals and humans. Smoking fires are the common means of defence. In August snow falls occur again and at the end of September snow storms start and the rivers freeze completely.

Between the two extremes of oceanity and continentality a number of transitional conditions are to be found, which, according to the point-of-view of the observer are classified as being of decreasing oceanity or increasing continentality. *The sequence of thermal seasons and the length of the vegetative period in these latitudes are therefore of primary significance for natural classification of climates.* Following the fully oceanic climate of western Europe, where holly and other evergreen timbers can still thrive, is the sub-oceanic zone of central Europe and the Danube region on the other side of the 2° C January isotherm and where, although harder winters enforce complete vegetative quiescence, red beech, silver fir, sessil oak and ivy still indicate appreciable oceanic imprint. (Temperature of the coldest month 2° C to 3° C, vegetation period more than 200 days.) A further decrease in the period of vegetation as well as a further drop in winter temperatures leads to the sub-continental mixed-woodland region of Central Russia (Pedunculate oak, lime tree, Acer platanoides). The eastern limit running through central Sweden, and southern Finland to the southern Urals divides the mixed-woodland zone from the boreal coniferous forest region. All these limits, including the polar timber line are merely an expression of decreasing length of the vegetation period, which in turn is determined by the mean latitudinal temperature as modified by marine influence or continentality. All three lines converge towards western Norway and end at the coast. The arctic tree-line finally shows a general west to east trend and can be correlated well with the 10° C July isotherm or a vegetation period of one hundred days averaging more than 5° C.

In the southern hemisphere there is no counterpart to the continental boreal climates of northern Eurasia and America, where woods are flourishing prolifically in summer but remain covered with snow in winter and rivers and lakes are frozen for a long period. Instead of the huge landmasses between 60 and 70 degree northerly latitudes is a vast expanse of sub-arctic waters between 55 and 65 degrees in the southern hemisphere, interrupted only by a few tiny oceanic islands. The oceanic climate of New Zealand, Tasmania and South America's southern tip, compares well with that of the Faroes; on the sub-antarctic islands such as South Georgia's South Sandwich Islands, Kerguelen Islands, Macquarie Islands etc., it is even more pronounced. Those latter ones at 54° 3′ S. enjoy what may be called the most uniform temperature climate of the earth, which comes closest to the ideal isotherm (see Fig. 6). The diurnal fluctuation only amounts to 3.5° C, the fluctuation within 24 hours is even less, varying from 0.5° C to 2° C according to the month. The mean hourly temperature during a year only fluctuates between 2.8° C and 7.7° C. This is a peculiar case without any real seasons or daily variations of temperature: it is always cool and wet, snow is frequent but melts away immediately, frosts are of short duration and penetrate only a few centimetres into the soil. Trees cannot grow as there is no warm season. There

is still a slight difference between winter and summer, but one cannot speak of spring or autumn. The vegetation is limited to tussock grasses, hard cushion plants, procumbent carpet-forming herbs and shrubs and woolly herbs. With such constant temperatures and little frost a slightly higher temperature is sufficient to foster the growth of luxuriant plants such as the evergreen forests of Stewart Island south of New Zealand with all genera of tree-ferns, which to us here in Europe seem to be plants of the tropical zone. There is no complete standstill in the flowering season in New Zealand so that small humming birds feeding on the nectar of flowers can live here throughout the year, just as their counterparts, the American kolibris, do in western Patagonia and Tierra del Fuego. In spite of the vast oceans dividing them, western Patagonia and New Zealand are not only ecologically, but also florally closely related. Southern beeches (Nothofagus), broad needled conifers (Pedocarpus), evergreen Weinmannia and myrtle, fuchsias, ferns ranging from treelike growth to tender, trunk and branch covering Hymerophyllums, are to be found in both regions. Under these conditions the tropical vegetation on the islands of the New Zealand sector comes very near to the forest-free sub-arctic zone.

4. The effect of altitudinal zonation on the seasons

Temperature generally decreases with increasing altitude, even if at times under certain weather conditions a vertical inversion of temperature (Inversion) is caused by the descent of cold air into basins and valleys in mountain areas. The actual lapse-rate (decrease of temperature pro 100 metres difference in altitude) amounts to about 0.5° C (0.45° to 0.67° C) on the average, subject to seasonal variations.

The altitudinal decrease of temperature implies a longer winter as well as a shorter vegetation period in the moderate and polar latitudes. Spring rises up to the mountains, autumn comes down from the heights to the lowland. Herdsmen follow this when taking their cattle from the winter sheds in the valley over the „may greens" to lower hillsides and finally high up to the mountain pastures. The vertical vegetation zones of the Alps reflect the shortened period of growth.

All this is quite different in tropical mountains. The lack of thermal seasons marks all climates of the inner tropics regardless of altitude. The hot zone of the lowlands and foothills is a land of perpetual summer (Tierra caliente of the tropical Cordilleras), while the medium heights (Tierra templada and Tierra fria) in Peru and Mexico up to 4,000 metres, in Colombia and Equador up to 3,500 metres, enjoy eternal spring. The gardens in the towns of equatorial highlands such as Bogota, Medellin, Quito and the high stations of Java, Ceylon and East Africa, blossom throughout the year. When flying across the high basin of southern Colombia, a gaily patched landscape unfolds underneath where grain fields next to each other are bearing green crops or ripe fruit or are just being ploughed.

5. The hygric seasons of the tropics

When discovering tropical America and settling there, the Spaniards met with a climate of changing rainy and dry seasons with little difference in temperature, instead of the cool rainy winters and hot dry summers they were accustomed to. The rainy season with its floods caused by the lowland rivers, with its muddy paths and increased danger of infectious diseases, they called "Invierno" (although it coincides with the astronomic summer), the dry season "Verano". This shows that, *generally speaking, in the tropics seasons are determined by precipitation, humidity and circulating water economy.* Caused by daily insolation and the convective rise of the atmospheric layers, most of the rain falls during afternoon thunder showers. These rains are called "zenithal rains", as they are associated with the time of the year when the solar rays are vertical. On the equator this occurs twice yearly at the time of the equinoxes, while at the tropical circles it occurs once at the time of the summer or winter solstice. Consequently there are two pronounced rainy maxima at the equator separated by brief dry seasons or at least a period of reduced precipitation. At the tropics of Cancer and Capricorn the year has one distinct rainy and one distinct dry season. Between the equator and tropical circles the two rainy seasons gradually converge as one goes poleward with the result that one dry season becomes longer towards the tropics, away from the equator and the other, shorter. However, not all the tropical rainforests fall within the tropical zone with its zenithal rains. There is another important climatic type which is characterized by precipitation throughout the year, of which some falls as convective zenithal rains during summer, while the rest comes down as advective monsoonal rains in winter. The latter occurs where the winter hemisphere trade-winds — as N.E. winds in the northern tropics, as S.E. winds in the southern tropics — are lifted up on continents or mountain ranges with easterly exposure, such as the east coast of central America, eastern flanks of the Peruvian and Bolivian Andes and northwestern Argentina, east coast of Brazil and Serra do Mar, eastern flanks of Madagascar, Queensland and so on. In these cases the time of the advective rains, accompanied by great humidity, fog and drizzle, creates the impression of being a wetter season than that one of the zenithal rains, where showers produce a high rate of precipitation, but are separated by pleasant, drier weather.

Geographers, meteorologists, botanists and soil scientists have long attempted to describe the climatic changes of humid seasons in a quantitative climatic classification. In order to express the effective precipitation as modified by temperature and evaporation in the ecological balance of the region concerned, a number of hygrothermic indices, very simple formulae at first, have been suggested for this relationship: "Regenfaktor", "N/S-Quotient", "Aridity Index" etc. Attempts to assign climatic boundaries to natural formations of vegetation have, however, shown that annual values of precipitation, temperature and humidity are not of the same applicability as the duration of arid and humid seasons. The following climatic values prove to be satisfactory for the vegetation zones of tropical Africa and South America:

humid months		arid months
12—9½	belt of tropical rainforest and transitional wood	0—2½
9½—7	humid savanna belt	2½—5
7—4½	dry savanna belt	5—7½
4½—2	thorn savanna belt	7½—10
2—1	semi-desert belt	10—11
1—0	desert belt	11—12

In the tropics rainy season and dry season play the same role in the life of nature and humans as do winter and summer in our latitudes. The annual rhythm in the life of animals of rutting season and breeding time, with the migration of birds and locusts, the changing frequency of parasitical diseases of men and animals, the migration of cattle between wet and dry pastures — all that is related to the changes of dry and rainy season. The deciduous forests of the tropics are bare during the dry season, in our latitudes they shed their leaves at the onset of winter. There are tropical lowlands in South America which are widely flooded during the rainy season so that communications between the settlements on the heights are maintained by boat but in the dry season the hard clay soils are cracking up from lack of cohesive moisture so that transport is made possible by ox-carts and motor vehicles driving across. Settlement of large regions with poor ground-water supply can depend on the capability of men to provide water reserves for the dry season. Since olden times this has been successfully carried out by the inhabitants of the Deccan plateau, who, with the aid of cattle build dams and small reservoirs to ensure adequate water supply during the dry season; the East African hoe cultivator has not yet acquired this art. The beginning of the rainy season in the alternating humid and dry tropics is the reawakening of life, and just as the buds in our latitudes already swell before the actual rise of temperature, so the tropical spring lets certain bare trees and shrubs break out in flowers before the rains and the new leaves come out. Since the amount and length of the rains are greater in the mountains, tropical spring descends from the heights to the lowlands.

At greater altitudes tropical climates are also dominated by arid and humid seasons; corresponding to lower temperatures smaller amounts of precipitation are sufficient to succeed in reaching a certain humidity of climate. This is of significance in tropical countries where the main regions are rising to considerable heights in the examination of these relationships. Such countries are Mexico, Costa Rica, Colombia, Venezuela, Ecuador, Peru, Bolivia und Ethiopia. The permanently moist region above the timber line of the Andes is described by the Spanish word *"Paramo"*, while the periodically or permanently dry zone is designated by the Indian expression *"Puna"*. This terminology has been widely adopted in scientific literature and further sub-divided into a moist-grass Puna, dry-grass Puna, thorn Puna and desert Puna on a basis comparable with the horizontal zonation of the lowland savannas. This sequence can be found throughout the mountainous world of the Andes from the Carribean Sea as far as the Puna de Atacama of northern Chile and the north western Argentina, while the daily amplitude of temperature increases with progressive aridity. In fact the greatest known daily range of temperature is to be found in the Puna de Atacama of southern Bolivia — over 50° C! The daily contrasts found in such arid tropical highlands are difficult to imagine with nightly temperatures of —20° C and streams and springs freezing hard, followed by a mid-day heat of 20 to 30° C with wind blown sands and mirages in the steppe and salt deserts between 3,500 and 5,000 m.

The annual temperature range of dry continental interiors of the fringe tropics (Sudan, Kalahari, Northern Australia, the Deccan of India) can equal the values obtained in the oceanic climates of Europe, (mean temperature of Nagpur: 15.2° C, of Timbuktu: 13.6° C). However, cloudiness and precipitation influence the annual temperature curve in these summer-rain climates. Daily temperatures rise quickly during the dry spring season reaching their maximum in April or May. The rainy season then lowers the daily maximum — one can speak of an Indian type of annual temperature trend which consists of three seasons: a cool, dry winter, a dry, hot spring and again a cooler but wet and sultry summer. As the example of Poona (Fig. 7) illustrates, the course of nocturnal temperatures differs greatly from the daily one. The lowest nocturnal temperatures occur in winter due to impeded radiation and the low stand of the sun, but in the summer rainy season night temperature is considerably higher because of reduced radiation. Not only India but also the Sudan, Mexico, the Philippines and other countries on the fringe of the tropics follow this climatic pattern with three seasons, which are conditioned by rainfall and the position of the sun. Where the summer rainy season is short or less pronounced, as in Poona, a second rise of temperature can set in during autumn.

6. The seasons of periodically humid climates outside the tropics

While in the tropics the climatical seasons are entirely a function of rainfall and those permanently humid regions outside the tropics of temperature, there are still *large areas* in the warm and cool temperate zone as well as in the arctic zone, *where fluctuations of temperature and precipitation determine a more complex ecological cycle.* These are the arid and seasonally humid climates outside the tropical latitudes. The winter-cold steppes and deserts are chiefly to be found in the northern hemisphere as two belts in Eurasia and North America; the former stretches from the lower Danube region over southern Russia, the Caspian region and western Turkestan to the central Asian highlands and Mongolia whereas the latter one includes the Great Basin, the Colorado plateau and the grass steppes of the Plains in North America. The greater part of the arctic has little rain too, but in the arctic zone with its much reduced evaporation only severe lack of rain affects the region. In recent investigations the Danes discovered deserts with salt soils, desert crusts and shifting sands in the highly polar latitudes of Greenland.

In the most continental parts of the boreal forest belts of northern Eurasia, where precipitation begins to become periodical (Eastern Siberia), the time of winter quiescence coincides with the aridity quiescence. Precipitation is largely confined to the warm summer months. Further south in the steppes of the Ukraine and Central Asia the picture is different. There winter and late summer are dry; the main rainy seasons occur in spring and early summer. The transition from humid climate to full desert is characterized by five climatic zones, to which correspond specific soil and vegetation types: parkland steppe, grass steppe with chernozem, artemisia steppe with chestnut brown soils, artemisia semi-desert with any grey desert and solonchak soils, and finally, genuine desert. A similar zonation is to be found when moving westward from the Mississippi across the Rocky Mountains and the Great Basin to the mouth of the river Colorado.

Seasonal contrasts increase with greater aridity — severe winters with snow storms (Burane, blizzards), are followed by dry summers with dust storms. In spring and early summer the vegetation of the steppe achieves its greatest luxuriance; sometimes there is a short revival after the late summer rains. The vegetative period of the steppe of temperate latitudes is interrupted by two seasons due to cold and aridity respectively.

In the warm temperate latitudes from 40° to the tropical circle, the rainfall is very periodic but temperature contrasts decrease, so that the seasons are increasingly dominated by the rhythm of the rains. On the western side of the continents, as in the Mediterranean area, central California, central Chile, Cape Province and in south and south-western Australia winter rains alternate with summer drought. These climates have been named "Etesien" climates after the dry summer winds of the Aegean. Conversely the eastern sides of the continents enjoy a summer seasonal rainfall and dry winters in these latitudes, especially so in Asia with its monsoon climates reaching from India to Japan. The monsoonal climates are separated from the winter-rain zone by the great desert belt from North Africa to Central Asia.

Since the warm and humid seasons coincide in the *summer-rainfall climates,* there is also one distinct period of growth. The persistence of tropical plants such as coconut, coffee-shrub, pineapple and manioc is cut short at the southern limit of effective frosts (mean minimum of +2° C) in eastern Asia. This line approximately coincides with the January isotherm of 13° C and runs across China and the river Sikiang to north of Formosa. Citrus fruits, tea and palms occur within the sub-tropical zone up to the 4° C January isotherm, while all evergreen, broad sclerophyllous trees cease to grow north of the 2° C isotherm. Therefore deciduous trees and conifers dominate in the areas north of the Yang-tse. Clearly, *the increasing cold of winter is what dominates nature in East Asia,* in contrast with high latitudes, where summer warmth and the length of summer are decisive.

Again different is the seasonal situation in the *summer-dry Mediterranean area.* Here winter offers sufficient humidity, but remains too cool for many plants; summer is warm enough, but too dry. Decisive modifications take place between the north and south of the area. Only the south coast of Spain and those of Libya and Egypt are frost free. The cold-sensitive Macchia, olive trees and most citrus plants generally only flourish in areas with a January mean above 4° C, such as in Central Italy and the Dalmatian Coast, and do not occur in the winter-stricken Po Valley. The intensity and length of the summer drought increase gradually equatorwards: Tripoli has six to seven months with less than 20 mm precipitation, Malta 4 to 5, Sicily 3 to 4, Rome only one; Northern Italy enjoys rain throughout the year and even has deciduous forests although sub-Mediterranean species (Catanea sativa, Quercus pubescens, Fraxinus Ornus, Ostrya carpinifolia, Acer monspessulanum) and cultivates deciduous trees such as mulberry, peach, almond, fig and vine. Between the humid Mediterranean zone and the Saharan Near-Eastern desert belt the *Mediterranean Near-Eastern steppe* provides the climatic link, which by its summer drought is sharply distinguished from the summer-humid grassland on the tropical side of the desert belt, and by its slight winter cold also from Central Asia's and North America's continental steppes. These mild winters permit relatives and life-forms of tropical plants to flourish, (thorny acacia trees of various kinds, Argania; stem-succulent Euphorbias), besides semishrub forms (Artemisia herba alba), steppe grasses (Halfa steppe) and thorny globular shrubs which are an expression of arid summers and cool winters. Irrigation gains increasing importance to its ultimate expression as the oasis of the deserts.

In the *southern hemisphere* both the boreal taiga and cold steppe climates are lacking. In South Africa, Australia and non-tropical South America, the arid belts run across the continents from north west to south east and divide the winter-humid steppes and Etesian climates in the south west (Central Chile, Cape Province, South West Australia), from the summer-humid grasslands in the east. This leads to striking contrasts in *South Africa,* where in the Cape Province winter wheat grows in the rainy season, grapes and deciduous fruit trees bear fruit in the dry summer season. Maize finds the winters too cool but thrives in summer if irrigated. On the other hand on the High Veldt (Transvaal, Orange Free state) and Natal, maize flourishes in the humid warm summer; so do sugar-cane, tea, bananas, mangoes and pineapples in the frost-free coastal lands of Natal. Again wheat only grows with irrigation in winter time.

In the winter-humid areas of *Central Chile* arid summers as well as cold winters pose serious drawbacks for agriculture. Although on the whole winters are much milder than in Central Europe, they are marked by frequent night frosts, which help the formation of hoar frost, which in turn causes the grain to perish in winter. Spring is most favourable to all life since there is sufficient precipitation but no more frost. Fairly good too, are late summer and autumn as rain falls again but frost is still absent.

The grasslands of the southern hemisphere (Pampa of Argentina, Uruguay and Brazil, Patagonia, South Africa, Australia and New Zealand), have become predominantly cattle raising countries and supply the world market with wool, skins, hides, meats and dairy products. Great advantage over the northern hemisphere is evidenced by the lack of cold, snowy winters so that no shelters are necessary but outdoor grazing possible throughout the year; dry grass and perennials, even fruit and leaves from trees and shrubs, provide fodder during the less favourable season. In the age of the ocean steamer European settlers reached these empty or — as in South Africa — only thinly populated spaces, and were able to develop an extensive stock and, at times, grain economy for the far distant European market.

The influence of the climatic season can best be illustrated by a west-east profile of the Argentine Pampa. The easterly Pampa at the mouth of the La Plata river is sufficiently moist, since it receives rains in every month of the year. Pure-bred cattle and sheep for top grade meat production graze on the nourishing natural turf pasture (Pasto tierno). The western fringe of the Pampa there is already distinctly arid. Only 15% of 550 to 700 mm of precipitation fall during the winter half-year. Cattle would have to take naturally to hard pampa grass (Pasto duro) if alfalfa pastures in rotation with wheat did not provide valuable grazing for the high quality livestock herds. Still further westwards in the thorn-shrub and cactus vegetation of the so called Monte formation, the limit of naturally watered cultivation and unirrigated alfalfa pastures is reached. These regions are left to modest Creollo cattle and goats; field cultivation is limited to irrigated oases at the foothills of the Andes and the pampine sierras.

7. The map of seasonal climatic types

In retrospect the previous discussion will also serve the purpose of explaining the map of seasonal climatic types. These types result from the interplay of three climatic elements: the latitudinally differing length of solar radiation, the yearly fluctuations of temperature and the seasonal distribution af rainfall.

In the higher polar latitudes there is practically no diurnal range of temperature and the ecological cycle is entirely dominated by the contrast of the polar night and the polar day, to great seasonal contrasts of temperature whereby maximum cold is reserved for late winter. The entire Antarctic (with the exception of the northern part of Graham Land), and the interior of Greenland, are covered by inland ice (I,1). As long as summer temperature remains low (warmest month $< 6°$ C), no continuous vegetation is possible; mechanical frost blasting and kryoturbation produces bare polar frost rubble soils (I,2). Continuous vegetation (tundra) can only occur where there is a frost-free summer season (I,3). Only in the arctic region there is a short period of summerly blossoming and fruit bearing, and a host of continental animal life also develops: midges, lemmings, reindeer, birds; but there is also a long, hard-frozen winter. As the cold season coincides here with the dry one, aridity does not affect the ecological cycle. In the highly oceanic sub-polar regions (sub-antarctic islands, South Iceland, Aleutians), with moderately cold winters and cool summers, tundra is replaced by grass, moorland plants and dwarfy carpet-scrub formations (I,4).

The winter-cold boreal climates (II), just like tundra climates, are confined to the land masses of the northern hemisphere. Coniferous woods, accompanied by very hardy deciduous trees of the species Salix, Alnus, Betula and Populus, grow here. They form broad belts right across both the northern continents. In contrast to the tundra, the condition (sine qua non) for the growth of coniferous forest is the warming up in summer to at least 10° C. In eastern Siberia, in the east of Jenissei and in north western Canada, continentality becomes so extreme, precipitation during those icy winters so sparse at the same time that the soil is frozen permanently to great depths (II,3). On the other hand, very warm summers allow the upper soil horizons to thaw out: this permits tree growth, and leaves scores of midges behind in numerous ponds on top of the icy surface. Also in the oceanic area of the boreal zone (in Northern Norway and in South Alaska, II,1), the vegetation period is so limited that coniferous forests remain dominant.

In the forest areas of cool temperate latitudes with continuous rainfall, temperature seasons are also decisive. Oceanity and continentality of climates, which are expressed in the annual fluctuation of temperature and in the length of the vegetation period, show all transitional stages, from the extremely oceanic type (III,1) of southern Chile, New Zealand and Tasmania with evergreen forests and annual temperature fluctuations of less than 10° C to the oceanic climate of Western Europe (III,2) and to the sub-oceanic climate of Central Europe, South Australia and the Central Appalachian states and of the St. Lawrence and Great Lake area (III,4). The annual fluctuation of temperatures rises to 30 degrees Centigrade; vegetation is formed by deciduous and mixed forest. On the east coast of Eurasia (Japan, Korea, Manchuria and North China), and in the interior of central North America (III, 5—8), the corresponding deciduous leaf areas endure especially hot summers (warmest month 20 to 26° C) and thus in addition very considerable annual fluctuations of temperature (up to more than 40° C).

There is a gradual transition from these continental climatic provinces of the northern hemisphere with their various forest belts, to the increasingly arid steppes and deserts. In the grass steppe between the Black Sea and Siberia and in the prairie and short grassland of the North American interior, drought in late summer which produces a second period of deficiency is added to the winter cold that enforces an absolute quiescence of vegetation. So maximum growth is achieved in spring and early summer (III,9—10). Within the monsoon favoured sphere of Manchuria and North China rainfall comes to the winter-cold steppes in summer, so that the climate here shows a clear one phase rhythm. The winter-cold desert and semi-desert climates of Central Eurasia and North America (Great Basin) are occupied by vermouth (Artemisia) scrub vegetation (III,12).

The climate of the steppes and semi-deserts of the cool temperate zones of the southern hemisphere is generally extremely oceanic in character (Patagonia, Otago district of New Zealand) (III,9a, 10a, 12a). The mean temperatures even of the coldest month remain above freezing point; snow does not stay long and livestock can graze all the year round.

In warm temperate latitudes there are distinct summer-dry, summer-moist and permanently moist climates. The first ones are the Mediterranean climates on the western sides of the continents with their cool winters and arid summers (IV,1). Deciduous species still grow in summer; numerous evergreen forms blossom in spring, summer or autumn, although they may also bear fruit in winter. Extra-tropical crops are, however, generally limited to the winter season, ripening in spring or early summer. Polewards the climate merges into the humid but summer-warm sub-mediterranean zone, equatorwards into the belt of summer-arid types of North Africa and the Near East (IV,2). Equatorwards, also in South Africa, Southern Australia, California and Chile, are summer-arid grassland scrub steppes forming a transitional vegetation from those of the Etesian climates towards those of the warm temperate deserts. The seasonal rhythm is simpler in the warm temperate steppe climates

of the eastern parts (III,3, 4; Texas-Arizona, Argentina, South Africa, Eastern Australia) since the warm season is also the humid one and thus conditioning the only growing season. The short summer-humid type is dominated by thorn shrubs and succulent plants; towards the equator it may change to the correspondingly dry tropical thorn succulent savanna.

The permanently humid climates of the warm temperate zone (IV,7), in South Japan, Central China, the Atlantic southern states, South Brazil, Natal and Eastern Australia, enjoy a high degree of summer heat together with sufficient rain. It is the cold of winter therefore which determines the sequence of natural life. North Japan and North China (III,7 and 8) still have cold winters (January mean temperature below —2° C), the latter, moreover, has winter aridity in addition. South Japan and Central China have very mild winters and hot rainy summers. Tea, citrus fruit and some palm trees grow up to the January isotherm of 4 deegrees Centigrade. South China and Formosa finally, where temperatures of the coldest month remain above 13° C, show a tropical frost-sensitive vegetation.

The temperature seasons of the tropics are very inconsiderable. Precipitation seasons are of paramount interest there. Only in the dry continental interiors on the fringes of the tropics does the annual temperature range exceed 10° C, although the highest temperatures occur in spring before the summer rains, which lower the summer temperatures (three seasons of the "Indian type"). Otherwise the climatic provinces of the tropics of both lowlands and highlands can be classified according to amounts of precipitation, particularly to the length of dry and wet seasons. There are three seasonally humid belts between the rainforest climates (V,1) and the tropical deserts and semi-deserts (V,5); the moist savanna belt with five to seven and a half dry season (V,2), the dry savanna belt with five to seven and a half dry season (V,3) and the thorn savanna belt with seven and a half to ten arid months. When advective trade winds give rainfall during the winter (sun at winter solstice) as well, the climate is humid at all times such as on the eastern flanks of the tropical continents. There the season of daily convective showers is considered to be the pleasant season, that of the humid, foggy, advective rains as the wet season. Elsewhere local differences resulting from peculiarities of the relief occur, but cannot be depicted on a map of such scale.

Legende zur Karte Nr. 5

Die Jahreszeitenklimate der Erde

Die Klimacharakteristika gelten nur mit Einschränkung auch für die ausgeschiedenen Meeresregionen, die als maritime Varianten der entsprechenden festländischen Klimatypen anzusehen sind.

Die klimatischen Höhenstufen der Gebirge sind als Höhenvarianten der zugehörigen Klimazonen aufzufassen.

I. Polare und subpolare Zonen

1. Hochpolare Eisklimate: polare Eiswüsten.
2. Polare Klimate mit geringer Sommerwärme (wärmster Monat unter $+6°$ C): polare Frostschutzzone.
3. Subarktische Tundrenklimate mit kühlen Sommern (wärmster Monat 6—10° C) und großer Winterkälte (kältester Monat unter —8° C): Tundren.
4. Subpolare Klimate von hoher Ozeanität mit mäßig kalten, schneearmen Wintern (kältester Monat —8° bis $+2°$ C) und kühlen Sommern (wärmster Monat 5° bis 12° C; Jahresschwankung $< 13°$, meist $< 10°$): subpolares Tussock-Grasland und Moore.

II. Kaltgemäßigte boreale Zone

1. Ozeanische Borealklimate (Jahresschwankung 13—19° C) mit mäßig kalten, aber relativ schneereichen Wintern (kältester Monat $+2°$ bis —3° C; winterliches Niederschlagsmaximum), mäßig warmen Sommern (wärmster Monat 10° bis 15° C) und einer Vegetationsdauer von 120 bis 180 Tagen: ozeanisch-feuchte Nadelwälder.
2. Kontinentale Borealklimate (Jahresschwankung 20—40° C) mit langen, sehr kalten und schneereichen Wintern, aber kurzen, relativ warmen Sommern (wärmster Monat 10° bis 20° C) und 100—150 Tagen Vegetationsdauer: kontinentale Nadelwälder.
3. Hochkontinentale Borealklimate (Jahresschwankung $> 40°$ C) mit ewiger Bodengefrornis, sehr langen, extrem kalten und trockenen Wintern (kältester Monat unter —25° C), kurzer, aber ausreichender sommerlicher Erwärmung (wärmster Monat 10° bis 20° C) und tiefem Auftauboden: hochkontinentale, trockene Nadelwälder.

III. Kühlgemäßigte Zonen

Waldklimate:

1. Hochozeanische Klimate (Jahresschwankung $< 10°$ C) mit sehr milden Wintern (kältester Monat 2° bis 10° C), hohem winterlichem Niederschlagsmaximum und kühlen bis mäßig warmen Sommern (wärmster Monat unter 15° C): immergrüne Laub- und Mischwälder.
2. Ozeanische Klimate (Jahresschwankung $< 16°$ C) mit milden Wintern (kältester Monat über 2° C), Herbst- und Wintermaximum der Niederschläge und mäßig warmen Sommern (wärmster Monat unter 20° C): Ozeanische Falllaub- und Mischwälder.
3. Subozeanische Klimate (Jahresschwankung 16—25° C) mit milden bis mäßig kalten Wintern (kältester Monat $+2°$ bis —3° C), Herbst- bis Sommerniederschlagsmaximum, mäßig warmen bis warmen und langen Sommern und einer Vegetationsdauer von über 200 Tagen: Subozeanische Fallaub- und Mischwälder.
4. Subkontinentale Klimate (Jahresschwankung 20—30° C) mit kalten Wintern (kältester Monat —3° bis —13° C) und ausgeprägter Winterruhe, mit mäßig warmen Sommern (wärmster Monat meist unter 20° C), sommerlichem Niederschlagsmaximum und einer Vegetationsdauer von 160 bis 210 Tagen: subkontinentale Fallaub- und Mischwälder.
5. Kontinentale, winterkalte und schwach wintertrockene Klimate (Jahresschwankung 30—40° C, kältester Monat —10° bis —20° C) mit mäßig warmen und mäßig feuchten Sommern (wärmster Monat 15—20° C) und einer Vege-

Legend to the map No 5

The Seasonal Climates of the Earth

The climatic characteristics are only of limited validity for the selected oceanic regions too, which are to be considered maritime variations of the corresponding continental climatic types.

The climatic levels of mountains should be interpreted as altitudinal variations of the climatic zone concerned.

I. Polar and Subpolar Zones

1. High-polar ice-cap climates: polar ice-deserts.
2. Polar climates with little solar heat (warmest month below $+6°$ C): polar frost-debris belt.
3. Subarctic tundra climates with cool summers (warmest month 6° to 10° C) and great winter cold (coldest month below —8° C): tundra.
4. Highly oceanic sub-polar climates with moderately cold winters, poor in snow (coldest month —8° to $+2°$ C) and cool summers (warmest month $+5°$ to $+12°$ C; annual fluctuation $< 13°$ C, often $< 10°$ C): sub-polar tussock grassland and moors.

II. Cold-temperate Boreal Zone

1. Oceanic boreal climates (annual fluctuation 13 to 19° C) with moderately cold winter, with, however, relatively prolific snow (coldest month $+2°$ to —3° C; winter precipitation maximum), moderately warm summers (warmest month $+10°$ to $+15°$ C) and a vegetation period of 120 to 180 days: oceanic humid coniferous woods.
2. Continental boreal climates (annual fluctuation 20 to 40° C) with long, very cold winters, prolific in snow, but short relatively warm summers (warmest month $+10°$ to $+20°$ C) and a vegetation period of 100 to 150 days: continental coniferous woods.
3. Highly continental boreal climates (annual fluctuation $> 40°$ C) with permanently frozen soils, very long, extremely cold and dry winters (coldest month below —25° C) short, but sufficient warming up in summertime (warmest month $+10°$ to $+20°$ C) and deep thawing soils: highly continental dry coniferous woods.

III. Cool-temperate Zones

Woodland Climates

1. Highly oceanic climates (annual fluctuation $< 10°$ C) with very mild winters (coldest month $+2°$ to $+10°$ C) high winter precipitation maximum and cool to moderately warm summers (warmest month below $+15°$ C): evergreen broad-leaved and mixed woods.
2. Oceanic climates (annual fluctuation $< 16°$ C) with mild winters (coldest month above $+2°$ C) autumn and winter maxima of precipitation and moderately warm summers (warmest month below 20° C): oceanic deciduous broad-leaved and mixed woods.
3. Sub-oceanic climates (annual fluctuation 16° to 25° C) with mild to moderately cold winters (coldest month $+2°$ to —3° C), autumn to summer maxima of precipitation, moderately warm to warm and long summers and a period of vegetation of more than 200 days: sub-oceanic deciduous broad-leaved and mixed woods.
4. Sub-continental climates (annual fluctuation 20° to 30° C) with cold winters (coldest month —3° to —13° C) and distinct winter break in vegetative process, with moderately warm summers (warmest month generally below $+20°$ C), summer maximum of precipitation and vegetation period of 160 to 210 days: sub-continental deciduous broad-leaved and mixed woods.
5. Continental climates with cold, slightly dry winters (annual fluctuation 30° to 40° C; coldest month —10° to —20° C) and moderately warm and moderately humid summers (warmest month 15° to 20° C) and a vegetation

tationsdauer von 150—180 Tagen: kontinentale Fallaub- und Mischwälder sowie Waldsteppen.

6. Hochkontinentale, winterkalte und wintertrockene Klimate (Jahresschwankung meist > 40° C, kältester Monat —10° bis —30° C) mit kurzen, warmen und feuchten Sommern (wärmster Monat über 20° C): hochkontinentale Fallaub- und Mischwälder sowie Waldsteppen.

7. Sommerwarme und sommerfeuchte Klimate (Jahresschwankung 25—35° C) mit mäßig kalten, aber trockenen Wintern (kältester Monat 0° bis —8° C; wärmster Monat 20° bis 26° C): wintertrockene und winterharte, wärmeliebende Fallaub- und Mischwälder sowie Waldsteppen.

7a. Sommerwarme und sommertrockene Klimate mit mildem bis mäßig kaltem, aber schwach feuchtem Winterhalbjahr (kältester Monat +2° bis —6° C; wärmster Monat 20° bis 26° C): mild temperierte bis winterharte, wärmeliebende Trockenwälder und Waldsteppen.

8. Sommerwarme, ständig feuchte Klimate (Jahresschwankung 20—30° C) mit milden bis mäßig kalten Wintern (kältester Monat +2° bis —6° C; wärmster Monat 20° bis 26° C): feuchte, wärmeliebende Fallaub- und Mischwälder.

Steppenklimate:

9. Winterkalte Feuchtsteppenklimate mit 6 und mehr humiden Monaten und Wachstumszeit im Frühjahr und Frühsommer (kältester Monat unter 0° C): kraut- und staudenreiche Hochgrassteppen.

9a. Wintermilde Feuchtsteppenklimate (kältester Monat über 0° C).

10. Winterkalte, sommerdürre Trockensteppenklimate mit weniger als 6 humiden Monaten (kältester Monat unter 0° C): Kurzgras-, Zwergstrauch- und Dornsteppen.

10a. Wintermilde, sommerdürre Trockensteppenklimate (kältester Monat 0° bis +6° C): Gras-, Zwergstrauch- und Dornsteppen.

11. Winterkalte und wintertrockene, sommerfeuchte Steppenklimate (kältester Monat unter 0° C): zentral- und ostasiatische Gras- und Zwergstrauchsteppen.

12. Winterkalte Halbwüsten- und Wüstenklimate (kältester Monat unter 0° C): winterkalte Halb- und Vollwüsten.

12a. Wintermilde Halbwüsten- und Wüstenklimate (kältester Monat 0° bis +6° C): wintermilde Halb- und Vollwüsten.

IV. Warmgemäßigte Zonen (Subtropen i. w. S.)

(Alle Ebenen- und Hügellandklimate wintermilde, d. h. kältester Monat 2° bis 13° C, auf der Südhalbkugel 6° bis 13° C).

1. Winterfeucht-sommertrockene Klimate vom mediterranen Typus (meist mehr als 5 humide Monate): subtropische Hartlaub- und Nadelgehölze.

2. Winterfeucht-sommerdürre Steppenklimate (meist weniger als 5 humide Monate): subtropische Gras- und Strauchsteppen.

3. Kurz sommerfeuchte und wintertrockene Steppenklimate (weniger als 5 humide Monate): subtropische Dorn- und Sukkulentensteppen.

4. Lang sommerfeuchte und wintertrockene Klimate (meist 6—9 humide Monate): subtropische Kurzgrassteppen und hartlaubige Monsunwälder und -waldsteppen.

5. Halbwüsten- und Wüstenklimate ohne strenge Winter, aber meist mit vorübergehenden oder Nachtfrösten (meist weniger als 2 humide Monate): subtropische Halbwüsten und Vollwüsten.

6. Ständig feuchte Graslandklimate der Südhemisphäre (10 bis 12 humide Monate): subtropische Hochgrasfluren.

7. Ständig feuchte und sommerheiße Klimate mit sommerlichem Niederschlagsmaximum: subtropische Feuchtwälder (Lorbeer- und Nadelgehölze).

V. Tropenzone

1. Tropische Regenklimate ohne oder mit kurzer Unterbrechung der Regenzeit (12 bis 9½ humide Monate): immergrüne tropische Regenwälder und halblaubwerfende Übergangswälder.

---

period of 150 to 180 days: continental deciduous broad-leaved and mixed wood as well as wooded steppe.

6. Highly continental climates with cold and dry winters (annual fluctuation generally > 40° C; coldest month —10° to —30° C) and short, warm and humid summers (warmest month above 20° C): highly continental deciduous broad-leaved and mixed wood as well as wooded steppe.

7. Humid-and-warm-summer climates (annual fluctuation 25° to 35° C) with moderately cold, but dry winters (coldest month 0° to —8° C; warmest month 20° to 26° C): deciduous broad-leaved and mixed wood and wooded steppe favoured by warmth, but withstanding cold and aridity in winter.

7a. Dry-and-warm-summer climates with a mild to moderately cold, but slightly humid winter half year (coldest month +2° to —6° C; warmest month 20° to 26° C: thermophile dry wood and wooded steppe which withstands mild-temperate to hard winters.

8. Permanently humid, warm summer climates (annual fluctuation 20° to 30° C) with mild to moderately cold winters (coldest month +2° to —6° C; warmest month 20° to 26° C): humid deciduous broad-leaved and mixed wood which favours warmth.

Steppe Climates

9. Humid steppe climates with cold winters and 6 or more humid months, vegetation period in spring and early summer (coldest month below 0° C): high grass-steppe with perennial herbs.

9a. Humid steppe climates with mild winters (coldest month above 0° C).

10. Steppe climates with cold winters, arid summers and less than 6 months of humidity (coldest month below 0° C): short grass-, or dwarf shrub-, or thorn-steppe.

10a. Dry steppe climates with cold winters and arid summers (coldest month 0° to +6° C): steppe with short grass, dwarf shrubs and thorns.

11. Humid-summer steppe climates with cold and dry winters (coldest month below 0° C): Central and East-Asian grass and dwarf shrub steppe.

12. Semi-desert and desert climates with cold winters (coldest month below 0° C): semi-desert and desert with cold winters.

12a. Semi-desert and desert climates with mild winters (coldest month 0° to +6° C): semi-deserts and desert with mild winters.

IV. Warm-temperate Sub-tropical Zones

(All plains and hill country climates with mild winters, coldest month +2° to +13° C, from +6° to +13° C in the southern hemisphere.)

1. Dry-summer Mediterranean climates with humid winters (mostly more than 5 humid months): sub-tropical hard-leaved and coniferous wood.

2. Dry-summer steppe climates with humid winters (mostly less than 5 humid months): sub-tropical grass and shrub-steppe.

3. Steppe climates with short summer humidity and dry winters (less than 5 humid months): sub-tropical thorn and succulents-steppe.

4. Dry-winter climates with long summer humidity (generally 6 to 9 humid months): sub-tropical steppe with short grass, hard-leaved monsoon wood and wooded-steppe.

5. Semi-desert and desert climates without hard winters, but frequent transient or night frosts (generally less than 2 humid months): sub-tropical semi-deserts and deserts.

6. Permanently humid grassland-climates of the southern hemisphere (10 to 12 humid months): sub-tropical high-grassland.

7. Permanently humid climates with hot summers and a maximum of precipitation in summer: sub-tropical humid forests (laurel and coniferous forests).

V. Tropical Zone

1. Tropical rainy climates with or without short interruptions of the rainy season (12 to 9½ humid months): evergreen tropical rain forest and half deciduous transition wood.

2. Tropisch-sommerhumide Feuchtklimate mit 9½ bis 7 humiden bzw. 2½ bis 5 ariden Monaten: regengrüne Feuchtwälder und feuchte Grassavannen.

2a. Tropisch-winterhumide Feuchtklimate mit 9½ bis 7 humiden bzw. 2½ bis 5 ariden Monaten: halblaubwerfende Übergangswälder.

3. Wechselfeuchte Tropenklimate mit 7 bis 4½ humiden bzw. 5 bis 7½ ariden Monaten: regengrüne Trockenwälder und Trockensavannen.

4. Tropische Trockenklimate mit 4½ bis 2 humiden bzw. 7½ bis 10 ariden Monaten: tropische Dorn-Sukkulenten-Wälder und -Savannen.

4a. Tropische Trockenklimate mit humiden Monaten im Winter.

5. Tropische Halbwüsten- und Wüstenklimate mit weniger als 2 humiden bzw. mehr als 10 ariden Monaten: tropische Halb- und Vollwüsten.

IV/V. Jahreszeitlich luftfeuchte Küstenklimate:

Jahreszeitlich luftfeuchte Küstenklimate im Bereich tropisch-subtropischer Wüsten- und wechselfeuchter Klimate, bedingt durch
a) sommerliche
b) winterliche Küstennebel: feuchtere als dem Regionalklima entsprechende nebelgrüne bis immergrüne, epiphytenreiche Küsten- und Küstengebirgsvegetationstypen.

2. Tropical humid-summer climates with 9½ to 7 humid and 2½ to 5 arid months: rain-green humid forest and humid grass-savannah.

2a. Tropical winter-humid climates with 9½ to 7 humid and 2½ to 5 arid months: half deciduous transition wood.

3. Wet and dry tropical climates with 7 to 4½ humid and 5 to 7½ arid months: rainy-green dry wood and dry savannah.

4. Tropical dry climates with 4½ to 2 humid and 7½ to 10 arid months: tropical thorn-succulent wood and savannah.

4a. Tropical dry climates with humid months in winter.

5. Tropical semi-desert and desert climates with less than 2 humid and more than 10 arid months: tropical semi-deserts and deserts.

IV/V. Littoral Climates with Seasonal Mists

Seasonally atmospherically humid coastal climates in regions of tropical — sub-tropical desert climates and alternately humid climates caused by coastal mist
a) in summer,
b) in winter: types of coastal and mountainous coastal vegetation abundant in epiphytes, mist-green to evergreen, more humid than in the corresponding regional climate.